U0163627

著者简介

霍斯鲁·戈尔山

Conexant System部门主管，Synaptics技术总监，同时管理和指导全球ASIC设计实现、各种硅工艺节点的标准单元库和I/O库的开发。此前，在德州仪器的研发和工艺开发实验室负责测试芯片设计和数字/混合信号ASIC开发。拥有超过20年的ASIC设计、流程开发、数字专用集成电路库经验。

曾出版《ASIC物理设计要点》，发表众多技术文章，拥有多项美国专利。

获得西海岸大学电气工程系学士学位、南卫理公会大学应用数学系学士学位、德福瑞大学电子工程系学士学位，IEEE终身会员。

数字IC设计工程师丛书

时序收敛的艺术

高级ASIC设计实现

〔美〕霍斯鲁·戈尔山 著

魏 东 孙 健 译

科学出版社

北 京

图字：01-2023-5681号

内 容 简 介

本书主要介绍ASIC设计所需的时序收敛问题，旨在提供一种动手解决问题的方法去完成设计实现中最具挑战性的部分。

本书针对时序收敛流程进行充分解释，内容涉及数据结构和视图、MMMC分析、时序分析、布局和时序、放置和时序、时钟树综合、最终布线和时序、设计签收等，每章末尾都有相应的Perl脚本作为参考。本书抓住物理设计和时序分析的精髓，解决复杂ASIC系统日常设计中遇到的问题，向读者展示物理设计和时序分析方法。

本书适合从事芯片设计和ASIC时序验证领域的工程师阅读，也可作为高等院校微电子、自动化、电子信息等相关专业师生的参考用书。

图书在版编目（CIP）数据

时序收敛的艺术：高级ASIC设计实现 / （美）霍斯鲁·戈尔山（Khosrow Golshan）著；魏东，孙健译. 北京：科学出版社，2024. 6. -- (数字IC设计工程师丛书). -- ISBN 978-7-03-078927-3

Ⅰ. TN402

中国国家版本馆CIP数据核字第2024JE7362号

责任编辑：杨 凯 / 责任制作：周 密 魏 谨
责任印制：肖 兴 / 封面设计：杨安安

科学出版社 出版
北京东黄城根北街16号
邮政编码：100717
http://www.sciencep.com
河北鑫玉鸿程印刷有限公司印刷
科学出版社发行 各地新华书店经销

*

2024年6月第 一 版 开本：787×1092 1/16
2024年6月第一次印刷 印张：14 3/4
字数：278 000
定价：68.00元
（如有印装质量问题，我社负责调换）

序

鉴于对先进工艺节点的要求更加严格，专用集成电路（ASIC）设计的签收和收敛已经成为一个极具挑战性的过程。

在物联网（IoT）、智能手机、人工智能、语音和手写识别、虚拟现实和3D可视化等行业，缩短产品上市时间的压力越来越大。此外，ASIC设计在面积、功耗、时序等方面的要求越来越复杂，需要一个签收和收敛的全面解决方案。

幸运的是，我们手头有一本很棒的书，它解决了复杂ASIC系统日常设计中遇到的问题。本书对设计过程的每一步都提供了详细的演练——从架构的设计到全部设计的签收和时序收敛。

我非常欣赏本书在整个设计实现流程中对实际问题的分析和解决的详细解释，特别是在时序收敛和签收的方法上。

这是一本非常实用的、详细的、技术性的参考书，它包括了制定实施方法的内容。我很少看到其他书专门针对时序收敛流程进行充分解释。

此外，拥有自动化的执行脚本对读者来说是一个很大的加分项，可以通过书中阐述的概念丰富他们的工具。

新思科技
Shahin Golshan
美国加利福尼亚州山景城

前　言

本书主要介绍 ASIC 设计所需的时序收敛问题，旨在提供一种动手解决问题的方法去完成设计实现中最具挑战性的部分。

为了应对越来越复杂的 ASIC 设计，晶体管栅极的长度从 1987 年的 3μm 发展到如今的 7nm 及以下，这给物理设计、静态时序分析（STA）及上市时间带来了巨大的挑战。下图显示了随着现代集成电路（IC）工艺的发展，晶体管尺寸减小的趋势和设计复杂度的变化。

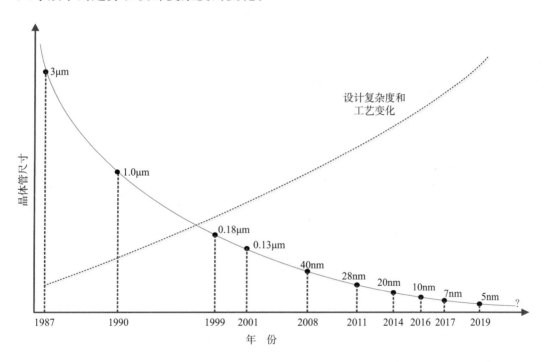

由上图可知，晶体管的工作电压与它的栅极长度成一定的比例关系，3μm 时，晶体管的工作电压为 3.0V；0.18μm 时，晶体管的工作电压为 1.8V。在较低的工艺节点上，由于数百万个晶体管的存在，功耗是一个关键平衡点，即更小尺寸的晶体管有更多的泄漏电流，工作频率越高则动态功耗越大。

值得注意的是，5nm 节点是第一个使用极紫外线构建的节点。EUV 光刻技术使用 13.5nm 波长在硅上产生非常精细的片状图案。5nm 已经基本接近极限了，那么下一步的技术发展是什么？

根据摩尔定律，集成电路上可以容纳的晶体管数目大约每 18 个月增加一倍，也就是说，在过去的几十年里，尺寸越来越小的晶体管已经被制造出来。科学家和工程师已经开始挑战制造一个原子厚度的晶体管。但就目前而言，硅仍然是主流。

在物理设计和时序分析方面，较大的工艺节点（如 180nm 和 130nm）下进行的时序分析主要分为最坏情况和最佳情况。连线之间的耦合电容由对地耦合电容和引脚电容组成。正因为如此，串扰和噪声的潜在影响被忽略，分析串扰和噪声的设计余量也随之增加。

从 90nm 开始，甚至在 65nm 更明显，由于更窄的布线空间和加厚的金属段轮廓形成的耦合电容导致串扰效应成为一个重要的问题。另一个领域是关注不同晶体管阈值电压对速度和功耗的影响，低阈值电压将增加泄漏电流和速度，高阈值电压将减少泄漏电流和速度。为了缓解这些问题，增加了两个额外的工艺角，一个用来解决温度效应（例如，−40℃ 的最坏情况），另一个用来解决泄漏功耗（例如，125℃ 的最佳情况）。

随着工艺节点变小（即 40nm 及以下），工艺差异变得更大，这影响了前端工艺（FEOL），即注入层、扩散层和多晶硅层，以及后端工艺（BEOL），即金属和互连层等。这些生产过程中的差异变化需要在设计实现的高级阶段进行额外的时序分析。

然而，今天的产品要求越来越高，功能也越来越多，在较低的功耗下实现更高的应用频率将使设计变得更加复杂。随着设计复杂度的增加，当存在许多工作模式和更多的工艺角时，为了涵盖所有功能模式和工艺角，需要增加物理设计和 STA 的数量。因此，为了更有效地覆盖设计中所有的工作模式和工艺角，使用多模多角（MMMC）在物理设计和时序分析中是非常有必要的。

本书在物理设计和 STA 过程中使用 MMMC 实现方法。在每一章的末尾，都有相应的 Perl 脚本作为参考。

本书中的脚本基于 Cadence®Encounter System™，其他 EDA 工具命令与本书中描述的情况类似。

本书涵盖的主题如下：

·数据结构。

·MMMC。

· 设计约束。

· 布局和时序。

· 放置和时序。

· 时钟树综合。

· 详细布线和时序。

· 设计签收。

本书强调的不是冗长的技术深度探讨，而是通过引用权威脚本来实现简短、清晰的描述。本书目标是抓住物理设计和时序分析的精髓，向读者展示物理设计和时序分析方法。

霍斯鲁·戈尔山

美国加利福尼亚州拉古纳海滩

2020 年 4 月

致　谢

从一个想法到一本书，这个过程既有内在的挑战，也有回报。

首先，感谢我的妻子 Maury Golshan，她的编辑经验、奉献精神和耐心使这一切得以实现。她花了大量的时间和精力在校对和修改这本书上。正因为如此，这篇手稿的清晰度和一致性得到了显著改善。没有她的奉献，几乎不可能完成这本书。

此外，感谢为这份手稿贡献时间和精力的其他几位参与者，特别感谢 Springer 编辑部主任 Charles B. Glaser 及其同事在出版这份手稿时给予的帮助与支持。

霍斯鲁·戈尔山

目 录

第1章　数据结构和视图

最好在一个数据结构上操作 100 个函数，而不是让 10 个函数操作 10 个数据结构。

Alan Perlis

数据结构是一种专门用于组织、处理、检索、操作和存储数据的格式。虽然有基本结构和高级结构之分，但任何数据结构的设计都是为了排列数据以适应特定的目的，以便它可以以适当的方式访问和处理数据。

对于高级设计实现，数据结构影响设计质量和设计流程的效率。它们以目录和子目录的形式排列，其中包含各种专用集成电路（ASIC）的设计数据和二进制或文本形式的视图（功能性和操作性）。这些数据在ASIC设计实现流程的不同阶段，如综合、布局布线、时序分析等都有用到。

操作视图是在ASIC设计和实现过程中使用的与EDA工具相关的数据。大多数情况下，它们以二进制数据库的形式存在，要么由EDA提供商提供，要么由内部开发。功能视图是在ASIC设计和实现期间使用的数据文件的集成。

内部或外部的功能视图和操作视图都必须具有积极的质量控制（QC）流程。因此，可以使用标准的ASIC设计流程确保其准确性和质量。

需要注意的是，质量控制用于验证可交付成果的质量是否可接受，它们必须是完整和正确的。质量控制活动包括检查可交付的同行评审和测试过程。质量控制是对要求的遵守。如果没有良好的经过深思熟虑的QC流程和标准，可能会影响最终ASIC产品的结果。

1.1 数据结构

数据结构有两种类型：一种是通用数据结构（目录或存储库），包含所有ASIC项目使用的所有视图，为了确保数据的完整性，所有视图文件都需要是原子集合；另一种是项目数据结构，它是一个目录，用来进行项目的设计实现和存储。

通用数据结构和项目数据结构都需要数据管理。数据管理是一个管理过程，包括获取、验证、存储、保护和处理所需的数据，以确保可访问性、可靠性，以及数据对用户的及时性。一般情况下，通用数据结构由系统管理员管理，项目数据结构由版本控制系统（VCS）管理。

VCS管理多个版本的计算机文件和程序。VCS提供两个主要的数据管理功能：一个允许用户锁定文件，一次只能由一个人编辑；另一个将追踪文件的改变。

如果只有一个用户在编辑文档，则不需要锁定这个文件。然而，如果一组设计实现工程师正在同一个项目上工作，当两个人在同样的时间编辑同一个文件时，一个人可能会意外地覆盖其他人所做的更改。

出于这个原因，VCS 允许用户签出文件进行编辑。文件从共享文件服务器签出后，其他用户无法对其进行编辑。当用户完成文件编辑后，保存更改并签入文件，其他用户就可以编辑该文件。

VCS 还允许用户通过标记跟踪对文件的更改，这种类型的 VCS 通常用于设计实现开发（开发 VCS 的最初目的就是为了管理软件开发），也被称为源代码控制或修订控制。

流行的 VCS，如 Subversion（SVN），允许 ASIC 设计和实现人员保存程序的增量版本，如 RTL 文件。这提供了回滚到程序或源代码的早期版本的功能（如果有必要的话）。例如，如果在新版本的 RTL 代码中发现了错误，则设计工程师在调试 RTL 代码时可以查看以前的版本。

1.2 通用数据结构

必须有一个经过深思熟虑的通用数据结构方便开发人员同时管理多个 ASIC 项目。

如图 1.1 所示，一个通用数据结构由五个子目录组成：知识产权（IP）、库、存储、工具和模板。

IP 目录用于公司内部 IP 开发，包含三个子目录。红色（R）用于 IP 开发；黄色（Y）包含未经过完整 QC 过程的已开发 IP，可以视为风险因素；绿色（G）表示已完成所有 QC 流程的 IP，有明确的版本标记，并且可以提供给特定的项目使用。

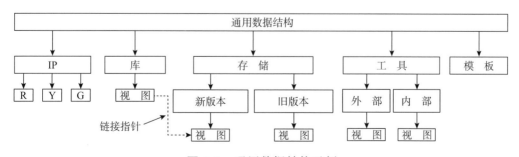

图 1.1 通用数据结构示例

最新版本的库目录需要有一个链接，映射到存储区域，而不是实际的存储库视图。这样做的原因是允许用户可以创建脚本和程序，而无需在新版本出现后进行更改。

存储目录有两个子目录——新版本和旧版本，用于存储功能视图，包括外部或内部数据，例如标准单元、IO（输入和输出），以及外部提供的 IP 库。存储目录中的功能视图是物理布局、抽象视图、时序模型、仿真模型和晶体管级电路描述数据。最常见的 ASIC 设计功能视图举例如下：

· lib_file：静态时序分析中的各种时序文件。

· cdl_file：物理验证中使用的电路描述语言。

· spi_mod：用于晶体管级电路仿真的 Spice 模型。

· tech_file：各种 EDA 工具的技术文件。

· lef_file：针对布局布线工具使用的库交换格式（LEF）的抽象文件，比如标准单元、IO、各种 IP。

工具目录下有两个子目录，一个用于存储由 EDA 供应商提供和开发的软件与程序，另一个用于存储内部开发的软件与程序，例如：

· simulation（用于模拟电路仿真、混合信号仿真、数字信号仿真）。

· timing（静态时序分析）。

· memory compiler（静态随机存储器、只读存储器）。

· design integration（布局和布线、版图、功耗分析）。

· verification（物理验证和形式验证）。

· internal（设计相关的脚本和程序）。

模板目录用于存储在设计实现流程中不同用途的通用模板。

1.3　项目数据结构

ASIC 的设计和实现过程中一般使用项目数据结构。相比之下，项目数据结构比通用数据结构更复杂，因为项目数据结构被不同的 ASIC 设计和实现工程师使用。所有项目数据结构对于所有设计项目都是相同的，这一点很重要。

尽管许多参与 ASIC 设计项目的公司都有自己的项目数据结构风格，但功能和视图的风格应保持一致，通过这个过程，人们可以以最有效的方式收集和管理数据并保持高效运行。

此外，对函数和视图保持相同的命名约定也很重要。使用相同的命名约定的优点之一是方便用户轻松查找数据及其位置，此外对设计实现也很有用，可以方便程序开发人员创建涵盖所有相关项目的功能脚本。

为一个项目创建一个项目数据结构，基本上需要执行以下三个步骤：

（1）接收输入。

（2）处理。

（3）提供输出。

第一步是获取用户输入。输入可以是任何形式，例如，一个简单的包含项目信息的文本文件（如项目名称、工艺技术节点、设计视图的位置等）。

第二步需要某种编程脚本，比如 Perl、Tcl（工具命令语言）或 Make（从用户创建的 makefile 中读取规则）。

第三步是提供输出，例如，创建项目目录、链接到中央视图库等。

为了使这一过程有效，需要对上述三个步骤进行优化。

图 1.2 显示了一个名为 moonwalk 的 ASIC 设计项目的项目数据结构示例。该项目有设计和实现两个子目录，并且都有指向通用数据结构的链接。

拥有图 1.2 所示的数据结构将允许用户创建 ASIC 设计和实现相关的脚本（例如综合），从而在稍后的设计和实现流程中避免由于编辑错误导致的问题。设计和实现目录应该由系统管理员在创建新项目空间后创建。

设计目录用于 ASIC 产品设计开发，共有五个子目录：

（1）RTL（RTL 开发工作空间）。

（2）SIM（RTL 仿真工作空间）。

（3）LIB（指向通用目录和 IP 目录的链接）。

（4）ENV（与设计相关的环境文件）。

（5）MEM（存储器的时序和网表文件）。

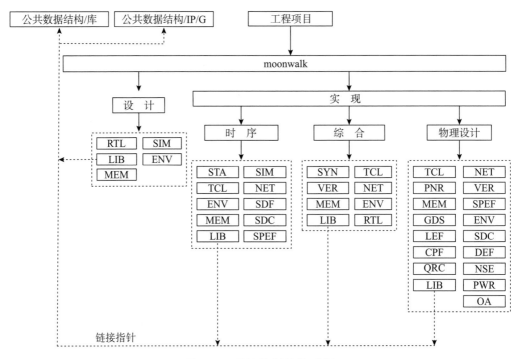

图 1.2 项目数据结构示例

实现目录有时序、综合和物理设计三个子目录，每个子目录用于 ASIC 设计实现流程的不同阶段。这三个子目录的内容说明如下：

（1）时序：

· STA（STA 工作区）。

· SIM（门级仿真工作区）。

· TCL（静态时序分析和仿真脚本）。

· NET（布线后网表）。

· ENV（门级仿真和 STA 环境文件）。

· SDF（门级仿真的标准延迟文件格式）。

· MEM（存储器时序和网表文件）。

· SDC（设计约束文件）。

· LIB（指向通用库和通用 IP 的链接）。

· SPEF（标准寄生参数提取文件）。

（2）综合：

·SYN（综合工作区）。

·TCL（综合脚本）。

·VER（RTL 和综合后网表的形式验证工作区）。

·NET（综合或布局布线前和布局布线后的网表）。

·MEM（存储器时序和网表文件）。

·ENV（综合相关的环境文件）。

·LIB（指向通用库和通用 IP 的链接）。

·RTL（RTL 格式的设计）。

（3）物理设计：

·TCL（布局布线脚本）。

·NET（完整布线后的网表）。

·PNR（布局布线工作目录）。

·VER（物理验证工作目录）。

·MEM（存储器生成器工作目录）。

·SPEF（标准寄生参数提取文件）。

·GDS（物理设计版图，GDSII 格式）。

·ENV（与物理设计相关的环境文件）。

·LEF（宏、标准单元抽象格式和 LEF 格式的技术文件）。

·SDC（设计约束文件）。

·CPF（电源管理文件，Cadence 格式）。

·DEF（DEF 格式的网表）。

·QRC（寄生参数提取文件）。

·NSE（噪声分析目录）。

·LIB（指向通用库和通用 IP 的链接）。

·PWR（功耗分析目录）。

· OA（用于物理设计集成的开放访问版图目录）。

make_dir.pl 脚本用于创建时序、综合和物理设计下的目录与子目录，其命令如下：

```
make_dir.pl -p moonwalk
```

该命令应该在项目目录下执行（在本例中为 moonwalk），否则它将报错。

以下是一个名为 moonwalk_pd_data.env 的 moonwalk 物理设计的例子：

示例 1.1

```
### moonwalk_pd_data.env ###
### 工艺节点 ###


Process node20um


###Cadance Hspice 噪声分析路径 ###
HSpiceLib /common/tools/external/cds/node20um/models/hspice/
  node20.lib
HSpiceRes /common/tools/external/cds/node20um/models/hspice/
  ResModel.spi
HSpiceMod /common/tools/external/cds/node20um/models/hspice/
  Hspice.mod


### Cadence OA 器件和技术文件 ###
CdsOADevices /common/tools/external/cds/oa/node20um/devices
CdsOATechFile /common/tools/external/cds/oa/tech/node20.tf


### 通用库路径 ###
Release /common


### 最坏情况和最佳情况 ASIC 库 ###
SCLibMaxMin node20_fn_sp_125c_1p0v_ss:node20_fn_sp_m40c_1p5v_ff
IOLibMaxMin io35um_fn_sp_125c_1p0v_ss:io35um_fn_sp_m40c_1p5v_ff


### LEF 库路径 ###
SClefFile /node20um/stdcells/lef/node20_stdcells.lef
IOlefFile /node20um/pads/lef/io35um.lef
```

Verilog 格式的文件路径

SClibVerilogPath /node20um/stdcells/verilog/node20_stdcells.v

IOlibVerilogPath /libraries/node20um/pads/verilog/io_35um.v

CDL 格式的文件路径

SClibCdlPath /node20um/stdcells/cdl/node20_stdcells.cdl

SClibCdlPath /node20um/pads/cdl/io_35um.cdl

Cadence OA 库路径

SClibCdsOAPath /libraries/node20um/stdcells/oa/DFII/
  node20_stdcells

IOlibCdsOAPath /libraries/node20um/pads/oa/DFII/io_35um

电源管理 硬核/ 软核

PowerManagement true

分层软宏模块名称

HieModule clk_gen

项目目录和项目名称

Path /project

Project moonwalk

网表文件名称和顶层设计名称

NetlistName moonwalk_pre_layout.vg

TopLevelName moonwalk

MacroName:NumberOfBlockage:Gds/Lef View

Macros A2D:8:G PLL:8:G ram_288x72:4:L

最低布线层：最高布线层

MinMaxLayer 1:8

X 和 Y 尺寸以及微米为单位的芯片大小

```
DieX 6080
DieY 6740
PadFile moonwlk_pad.def
```

此环境模板是特定于物理设计和结构的，第一列是关键字，下一列是与项目相关的数据。它用于使用 Perl 脚本（make_pd_tcl.pl）创建物理设计 Tcl 脚本。

下一步是修改 moonwalk_pd_data.env 文件，使其和项目相关，如工具相关、库、项目名称、顶层设计名称等。之后，用户需要执行 make_pd_tcl.pl 程序（在本章的物理设计脚本部分介绍）创建物理设计脚本，用于生成相关的 Tcl 脚本，如布局、放置、时钟树综合、布线、ECO、导出布局后网表、提取寄生参数文件和版图数据（GDSII）。使用的命令如下：

```
make_pd_tcl.pl-input moonwalk_pd_data.env
```

该命令创建所有物理设计 Tcl 脚本：

· moonwalk_cofig.tcl：工具配置。

· moonwalk_setting.tcl：与设计相关的全局设置。

· moonwalk_view_def.tcl：MMMC 定义。

· moonwalk_flp.tcl：布局。

· moonwalk _plc.tcl：放置。

· moonwalk _cts.tcl：CTS。

· moonwalk _frt.tcl：详细布线。

· moonwalk _mmc.tcl：MMMC 时序违例修复。

· moonwalk_eco.tcl：ECO 脚本。

· moonwalk _net.tcl：输出网表。

· moonwalk _spef.tcl：寄生参数提取。

· moonwalk _gds.tcl：输出 GDSII。

1.4　工艺变化产生的影响

在过去，人们可以通过在两个不同的工作点上分析设计来判断时序是否满足要求。第一点是选取 PVT（工艺、电压、温度）的最差情况，第二个点是选取 PVT 的最佳情况。

时序签收的工作条件是，假设一个设计的最差裕量在 PVT 里只被两点覆盖，因为延迟沿最好点和最差点之间的趋势是单调的。因为早期工艺节点的延迟以单元延迟为主，几乎不考虑互连层的影响，因此寄生参数文件通常在标称过程中提取。

随着工艺节点的进一步降低，如 65nm 和 45nm，电源电压降低到 1.0V 或更低，单元延迟开始出现温度反转效应。在以前的技术中，单元延迟随着温度的升高而增加，在最坏的电压和工艺条件下，即便较低的温度，温度反转效应也会使单元的延迟增大。

这直接导致了时序签收的复杂度显著上升，增加的工艺角的数量对时序分析和时序收敛及优化产生重大影响。工艺角的数量很快从 2 个增加到 4 个，甚至 5 个。

金属层和基材层（PMOS 和 NMOS 晶体管）的工艺变化会对设计的时序产生一个不可忽视的影响。此外，金属线的宽度变得足够小，只需少量变化就可以影响连线的电阻。考虑到金属化是一个独立的过程，因此从基材层（PMOS 和 NMOS 晶体管）的加工开始，工程师不能假设基材层和金属层中的工艺变化都是朝着同一方向进行的。

对于 40nm 甚至 20nm 及以下工艺节点的生产工艺，需要提取多个工艺角来进行时序分析和优化。这些提取工艺角包括最大电容和最小电阻（C_{max} 和 R_{min}）、最小电容和最大电阻（C_{min} 和 R_{max}）、最小电容和最小电阻（C_{min} 和 R_{min}）、最大电容和最大电阻（C_{max} 和 R_{max}），以及典型值。

图 1.3 所示是金属工艺角对电容和电阻的影响。

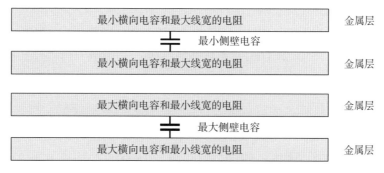

图 1.3　金属层工艺角对电容和电阻的影响

最小（最佳）电容和最小（最佳）电阻以及最大（最差）电容和最大（最差）电阻被认为是人为的工艺角。对于这两个工艺角，根据物理定律，电容和电阻的最小值与最大值不会同时出现。然而，可以使用这两个人为的工艺角来消除 C_{max}/R_{min} 和 C_{min}/R_{max} 条件下的设计时序收敛问题。

除了金属层工艺变化外，基材层的工艺变化也会对设计产生影响。对于20nm 及以下的工艺节点，由于 PMOS 和 NMOS 晶体管的尺寸更小，因而对工艺变化和温度变化更敏感，阈值电压的敏感度会导致转换时间的变化。图 1.4 显示了 PMOS 和 NMOS 晶体管没有时序变化的工艺角。

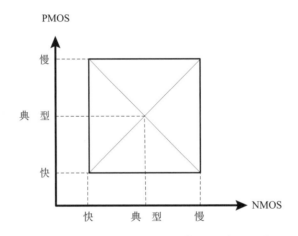

图 1.4 PMOS 和 NMOS 晶体管时序工艺角

总结 20nm 及以下的工艺变化，可以考虑如下的工艺角：

· PMOS/NMOS 晶体管：快 – 快、快 – 慢、慢 – 快、慢 – 慢、典型。

· 互连方式：$R_{min}C_{max}$、$R_{max}C_{min}$、$R_{max}C_{max}$、$R_{min}C_{min}$、典型。

· 电压：V_{min} 和 V_{max}。

· 温度：T_{max} 和 T_{min}。

为了计算 PVT（工艺、电压、温度）中这些变化的组合数量，每个功能模式下都需进行 $2 \times 5 \times 5 \times 2 = 100$ 个工艺角（比如，功能模式下的建立时间检查）的时序分析。而且，这个计算必须在设计中的每个工作模式下重复执行。

具有统一的命名约定的好处是，无论是目录名还是数据文件名，都允许用户轻松地定位设计目录和相关数据文件及其内容，使设计人员能够开发可在不同 ASIC 项目的用户之间共享的脚本，以便对所有的功能模式和工艺角进行快速时序分析和时序收敛。

具有统一的命名约定的另一个好处是，可以使用脚本编写项目数据结构和相关数据，创建一个统一的 ASIC 设计和实现方法。

为了避免混淆，可以使用统一的命名约定来表达数据的内容。这些文件可以是库和其他与项目相关的数据文件。

对于库，像 Liberty 这样的数据文件（通常称为 lib 文件），可以考虑以下参数作为它们命名约定的一部分：

- 工艺节点。
- 晶体管类型：PMOS 和 NMOS 的快、慢组合。
- 寄生提取类型：最小和最大的电容与电阻的组合。
- 工作温度：T_{max} 和 T_{min}。
- 工作电压：V_{min} 和 V_{max}。

对于与项目相关的文件，可以使用以下信息进行命名约定：

- project name：项目名称。
- process node：工艺节点。
- extraction：提取寄生参数。
- temperature：温度。
- voltage：电压。
- prefix data type：前缀数据类型。
- function：功能。

以下是 moonwalk 项目的一些命名惯例示例：

【时序库命名】

```
node20_sp_fn_m40c_1p05v.lib
```

这个例子表明，该库的工艺节点是 20nm，慢速 PMOS 晶体管和快速 NMOS 晶体管工作在 −40℃（m40）和 1.05V（1p05）条件下。注意，选择"m"和"p"是为了避免使用 UNIX 特殊字符，如 − 和 +。

【寄生提取】

```
moonwalk_node20_rmin_cmax.spef
```

这个例子表明，数据使用 $R_{min}C_{max}$（最小电阻和最大电容）提取，采用 20nm 的工艺节点，文件格式为 SPEF。

【时序报告】

```
moonwalk_node20_sp_fn_rmin_cmax_m40c_1p05v_hold.rpt
```

此示例为 20nm 工艺节点的 STA 报告文件的命名，慢速 PMOS 晶体管和快速 NMOS 晶体管工作在 –40℃ 和 1.05V 条件下，使用 $R_{min}C_{max}$（最小电阻和最大电容）提取数据，进行保持时间时序分析。

【仿　真】

```
moonwalk_node20_sp_fn_rmin_cmax_m40c_1p05v.sdf
```

这个例子表明，仿真延迟文件是为 20nm 工艺节点编译的，采用 $R_{min}C_{max}$ 提取寄生参数，慢速 PMOS 晶体管和快速 NMOS 晶体管工作在 –40℃ 和 1.05V 条件下，文件格式为标准延迟格式（SDF）。

【版图文件】–

```
moonwalk_node20_R1.gds
```

此示例为版图数据（GDS）格式的 R1 修订。注意，GDS 唯一的依赖项是工艺节点及其修订版本。

1.5　物理设计脚本

在物理目录下创建时序、综合和物理设计下的目录的 Perl 脚本（make_implementation_dir.pl）如示例 1.2 所示。这个例子仅在物理目录下生成图 1.2 所示的部分子目录。

示例 1.2

```perl
#!/usr/local/bin/perl
use Time::Local;
system(clear);


### make_implemention_dir.pl ###


$pwd = `pwd`;
```

```perl
chop $pwd;

&parse_command_line;
@pwd = split(/\//,$pwd);
$i=@pwd-1;
unless($pwd[$i] =~ $ProjName){
  die "ERROR: You must execute this program at $pwd/$ProjName.\n"
};
print("*** Setting Implementation Directory to $pwd/
  implementation ***\n");

$mode=0777;
$PhysicalDir = $pwd.'/implementation/physical';
$SynDir = $pwd.'/implementation/synthesis';
$TimDir = $pwd.'/implementation/timing';

@PD_SubDir = ('pnr','gds','net','spef','pver','pwr','mem',
  'tcl','pnr','env');

if(chdir($PhysicalDir)>0){print "\n"; die "ERROR:$PhysicalDir
  exists \n";}
if(chdir($SynDir)>0){print "\n"; die "ERROR: $SynDir exists\n";}
if(chdir($TimDir)>0){print "\n"; die "ERROR: $TimDir exists\n";}

print("\n");

print(" Creating PHYSICAL directories...\n");
mkdir($PhysicalDir,$mode);
print("\n");

print(" Creating SYNTHESIS directories...\n");
mkdir($SynDir,$mode);
print("\n");

print(" Creating TIMING directories...\n");
mkdir($TimDir,$mode);
```

```perl
print("\n");

for($i=0; $i<@PD_SubDir; $i++){
  $dir = $pwd.'/implementation/physical'.$PD_SubDir[$i];
  mkdir($dir,$mode);
}
$Traget= $pwd.'/implementation/physical/env/'.$Projectname.
  '_pd.env';
print("Coping Project Environmental Template to $Target\n");
open(Input,"/repository/templates/pd_env_dat.env");
open(output,">$Target");

unless ($ProjName){
  print "ERROR: incorrectly specified command line. Use -h
    for more information.\n";
  exit(0);
}

sub print_usage {
  print "\usage: create_impementaion_dir -p XX\n";
  print " -p # Where XX is Project name.\n";
  print "\n";
  print "create all directories of Physical Design: /project/
    XX/physical/\n"
}
```

make_pd_tcl.pl 生成物理设计所需的所有 Tcl 脚本（即布局图、放置标准单元、时钟树综合和最终布线等）如示例 1.3 所示。

示例 1.3

```perl
#!/usr/local/bin/perl
use Time::Local;
system(clear);
### make_pd_tc.pl ###
&parse_command_line;
unless (open(Input,$DataFile)) {
  die "ERROR: could not open Input file : $DataFile\n";
```

```
}

### 设置默认值 ###
$PwrMgt = 0;
### CTS Buffers and CTS Inverters ###
$CTSBuf = "ckbufd24 ckbufd16 ckbufd12 ckbufd10";
@CTS_buf_lst = split(/ +/,$CTSBuf);
$CTSInv = "ckinv_lvtd24 ckinv_lvtd16 ckinv_lvtd12 ckinv_lvtd10";
@CTS_inv_lst = split(/ +/,$CTSInv);

### 修复保持时间违例使用的 Buffers 和 Delay 单元 ###
$HoldBuf = "bufd2 dly2d1";
@Hold_buf_lst = split(/ +/,$HoldBuf);

### Pad 和 StdCells 填充 ###
$line = "pd_fil25 pd_fil20 pd_fil10";
@Padstd_fil = split(/ +/,$line);
$line = "std_fil64 std_fil32 std_fil16";
@Stdstd_fil = split(/ +/,$line);

### 禁用的库单元 ###
$line = "stdcells_*/*d0p5 stdcells_*/*d0 stdcells_*/*dly*
  stdcells_lvt*/*";
@DontUse = split(/ +/,$line);

### 冗余单元种类 ###
$line = "sdfsrd4 nd2d4 mux2d4 aoi22d4 bufd24 invd12 ";
@SpareCells = split(/ +/,$line);

#### 增加的实体化命名 ###
$AddInst[0] = "LOGO";

### Skip Route NETS (Hand Routed) ###
$line = "PLL_VVD PLL_VSS IO_VDDO IO_VSSO";
@SkipNet = split(/ +/,$line);
```

```
### 禁止优化的单元 ###
$line = "*spare* *stdcells_dt* stdcells_dt*";
@KeepCells = split(/ +/,$line) ;


### 最底层金属层和最高层金属层 ###
$line = "1:8";
split(/:/,$line);
$MinLayer = $_[0];
$MaxLayer = $_[1];
### 物理设计环境文件 ###
do {
  $line = <Input> ;
  chop($line) ;
  while($line =~ m/\\$/) {
    $line =~ s/\\$//;
    $line = $line.<Input>;
    chop($line);
  }
  $line =~ s/\#.*//;
  $line =~ s/^\s+//;
  $line =~ s/\s+$//;
  $line =~ s/\s+/ /g;
  if($line ne "") { print "$line\n"; }
  @line = split(/ +/,$line);


  if ($line[0] =~ /^SClefFile\b/) {
    @line = split(/\//,$line[1]);
    for($i=0;$i<@line;$i++) {
      $SCLibName = $line[$i];
    }
    push(@SCLib,$SCLibName);
    push(@RefLib,$SCLibName);
  }
```

```perl
if ($line[0] =~ /^IOlefFile\b/) {
  @line = split(/\//,$line[1]);
  for($i=0;$i<@line;$i++) {
    $IOLibName = $line[$i];
  }
  push(@IOLib,$IOLibName);
  push(@RefLib,$IOLibName);
}

if ($line[0] =~ /^SCLibMaxMin\b/) {
  for($i=1;$i<@line;$i++) {
    split(/:/,$line[$i]);
    $SClibWCDB = $_[0];
    $SClibBCDB = $_[1];
    push(@SCMaxLib,$SClibWCDB);
    push(@SCMinLib,$SClibBCDB);
  }
}

if ($line[0] =~ /^IOLibMaxMin\b/) {
  for($i=1;$i<@line;$i++) {
    split(/:/,$line[$i]);
    $IOlibWCDB = $_[0];
    $IOlibBCDB = $_[1];
    push(@IOMaxLib,$IOlibWCDB);
    push(@IOMinLib,$IOlibBCDB);
  }
}

if ($line[0] =~ /^HieModule\b/) {
  for($i=1;$i<@line;$i++) {
    $HieModule[$i] = $line[$i];
  }
}
if ($line[0] =~ /^Path/){$Path = $line[1]}
```

```
    if ($line[0] =~ /^PnrDir/){$PnrDir = $line[1]}
    if ($line[0] =~ /^Process/){$Process = $line[1]}
    if ($line[0] =~ /^Library/){$Library = $line[1]}
    if ($line[0] =~ /^Project/){$Project = $line[1]}
    if ($line[0] =~ /^NetlistName/){$NetlistName = $line[1]}
    if ($line[0] =~ /^TopLevelName/){$TopLevelName = $line[1]}
    if ($line[0] =~ /^DieX/){$DieX = $line[1]}
    if ($line[0] =~ /^DieY/){$DieY = $line[1]}
    if ($line[0] =~ /^Macros/){
      for ($i=1; $i<@line; $i++) {
        push(@Macros,$line[$i])
      }
    }
    if ($line[0] =~ /^PowerManagement/) {if($line[1] =~
      /^true/){$PwrMgt = 1}}
} until (eof(Input));


### QRC 寄生参数抽取文件及 Cap 表格 ###


$CapTableWorst = "$Path/tools/external/cds/qrc/worst/
  ${Process}.capTbl";
$CapTableBest = "$Path/tools/external/cds/qrc/best/
  ${Process}.capTbl";
$QRCWorst = "$Path/tools/external/cds/qrc/worst/qrcTechFile";
$QRCBest = "$Path/tools/external/cds/qrc/best/qrcTechFile";


$WC_condition = $SCMaxLib[0];
$BC_condition = $SCMinLib[0];


$Power = "VDD";
$Ground = "VSS";


push(@RefLib,"MACROS");
print"\n";
if (@RefLib>0 ) { print "RefLib List: "}
for ($i=0; $i<@RefLib; $i++){
```

```
    print "$RefLib[$i] "
}
print"\n";

print"\n";
if (@HieModule>0 ) { print "HieModule List: "}
for ($i=1; $i<@HieModule; $i++){
  print "$HieModule[$i] "
}
print"\n";

print"\n";
if (@Macros>0 ) { print "Macros List: "}
for ($i=0; $i<@Macros; $i++){
  @_ = split(/:/,$Macros[$i]);
  push(@MacroBlkg,$_[1]);
  push(@MacroGdsOrLef,$_[2]);
  $Macros[$i] =~ s/:.*//;
  print "$Macros[$i]\n "
}
print"\n";

if (@AddInst>0 ) { print "Instance List:\n"}
for ($i=0; $i<@AddInst; $i++){
  @_ = split(/:/,$AddInst[$i]);
  push(@InstName,$_[0]);
  push(@InstType,$_[1]);
  push(@InstLib,$_[2]);
  print "$InstName[$i] of Type $InstType[$i] and
    library $InstLib[$i] \n"
}

print"\n";
if (@SkipNet>0 ) { print "SkipNet List: "}
for ($i=0; $i<@SkipNet; $i++){
```

```
        print "$SkipNet[$i] "
    }
print"\n";

if ($PadFile eq ""){ ($Ldb = $TopLevelName ) =~ tr/a-z/A-Z/}
else {$Ldb = 'MOONWALK'}
close(Input);


### 定义 MMMC view_definition.tcl ###
$Output = $Path.'/'.$Project.'/implemention/physical/
  TCL/'.${TopLevelName}.'_view_def.tcl';
if(!(-e $Output)) {
  print "Building view_definition.tcl --> $Output\n\n";
  unless (open(ViewDefFile,">$Output")) {
    die "ERROR: could not create view_definition file : $Output\n";
  }

  print(ViewDefFile "###\n");
  print(ViewDefFile "Puts \"... Multi-Mode Multi-Corner
    Timing ...\"\n\n");
  print(ViewDefFile "create_rc_corner -name rc_max \\\n");
  print(ViewDefFile " -T 125 \\\n");
  print(ViewDefFile " -qx_tech_file $QRCWorst \\\n");
  print(ViewDefFile " -preRoute_res 1.00 \\\n");
  print(ViewDefFile " -preRoute_cap 1.00 \\\n");
  print(ViewDefFile " -postRoute_res 1.00 \\\n");
  print(ViewDefFile " -postRoute_cap 1.00 \\\n");
  print(ViewDefFile " -postRoute_clkres 1.00 \\\n");
  print(ViewDefFile " -postRoute_clkcap 1.00 \\\n");
  print(ViewDefFile " -postRoute_xcap 1.00 \n\n");


  print(ViewDefFile "create_rc_corner -name rc_min \\\n");
  print(ViewDefFile " -T -40 \\\n");
  print(ViewDefFile " -qx_tech_file $QRCBest \\\n");
  print(ViewDefFile " -preRoute_res 1.00 \\\n");
  print(ViewDefFile " -preRoute_cap 1.00 \\\n");
```

```
print(ViewDefFile " -postRoute_res 1.00 \\\n");
print(ViewDefFile " -postRoute_cap 1.00 \\\n");
print(ViewDefFile " -postRoute_clkres 1.00 \\\n");
print(ViewDefFile " -postRoute_clkcap 1.00 \\\n");
print(ViewDefFile " -postRoute_xcap 1.00 \n\n");

print(ViewDefFile "set libpath ${Path}/${Project}/physical/
  lib\n\n");

print(ViewDefFile "create_library_set -name ss_libs \\\n");
print(ViewDefFile " -timing [list \\\n");
for ($i=0;$i<@SCMaxLib;$i++){
  print(ViewDefFile " \${libpath}\/$SCMaxLib[$i].lib \\\n")
}
for ($i=0;$i<@IOMaxLib;$i++){
  print(ViewDefFile " \${libpath}\/$IOMaxLib[$i].lib \\\n")
}
for ($i=0; $i<@Macros; $i++){
  print(ViewDefFile " \${libpath}\/$Macros[$i]_ss.lib \\\n")
}
for ($i=1; $i<@HieModule; $i++){
  print(ViewDefFile " \${libpath}\/$HieModule[$i]_ss.lib \\\n")
}
print(ViewDefFile " ] \n\n");

print(ViewDefFile "create_library_set -name ff_libs \\\n");
print(ViewDefFile " -timing [list \\\n");
for ($i=0;$i<@SCMinLib;$i++){
  print(ViewDefFile " \${libpath}\/$SCMinLib[$i].lib \\\n")
}
for ($i=0;$i<@IOMinLib;$i++){
  print(ViewDefFile " \${libpath}\/$IOMinLib[$i].lib \\\n")
}
for ($i=0; $i<@Macros; $i++){
  print(ViewDefFile " \${libpath}\/$Macros[$i]_ff.lib \\\n")
```

```
}
for ($i=1; $i<@HieModule; $i++){
  print(ViewDefFile " \${libpath}\/$HieModule[$i]_ff.lib \\\n")
}
print(ViewDefFile " ] \n\n");


print(ViewDefFile "create_delay_corner \\\n");
print(ViewDefFile " -name slow_max -library_set ss_libs -
  rc_corner rc_max\n");
print(ViewDefFile "create_delay_corner \\\n");
print(ViewDefFile " -name fast_min -library_set ff_libs -
  rc_corner rc_min\n\n");


print(ViewDefFile "set active_corners [all_delay_corners]\n");
print(ViewDefFile "if {[lsearch \$active_corners slow_max]
  !=-1} { \n");
print(ViewDefFile " set_timing_derate \\\n");
print(ViewDefFile " -data -cell_delay -early -delay_corner
  slow_max 0.97\n");
print(ViewDefFile " set_timing_derate \\\n");
print(ViewDefFile " -clock -cell_delay -early -delay_corner
 slow_max 0.97\n");
print(ViewDefFile " set_timing_derate \\\n");
print(ViewDefFile " -data -cell_delay -late -delay_corner
  slow_max 1.03 \n");
print(ViewDefFile " set_timing_derate \\\n");
print(ViewDefFile " -clock -cell_delay -late -delay_corner
  slow_max 1.03\n");
print(ViewDefFile " set_timing_derate \\\n");


print(ViewDefFile " -data -net_delay -early -delay_corner
  slow_max 0.97\n");
print(ViewDefFile " set_timing_derate \\\n");
print(ViewDefFile " -clock -net_delay -early -delay_corner
  slow_max 0.97\n");
print(ViewDefFile " set_timing_derate \\\n");
print(ViewDefFile " -data -net_delay -late -delay_corner
  slow_max 1.03\n");
```

```
print(ViewDefFile " set_timing_derate \\\n");

print(ViewDefFile " -clock -net_delay -late -delay_corner
  slow_max 1.03\n");

print(ViewDefFile "} \n\n");

print(ViewDefFile "if {[lsearch \$active_corners fast_min]
  !=-1} { \n");

print(ViewDefFile " set_timing_derate \\\n");

print(ViewDefFile " -data -cell_delay -early -delay_corner
  fast_min 0.95\n");

print(ViewDefFile " set_timing_derate \\\n");

print(ViewDefFile " -clock -cell_delay -early -delay_corner
  fast_min 0.97\n");

print(ViewDefFile " set_timing_derate \\\n");

print(ViewDefFile " -data -cell_delay -late -delay_corner
  fast_min 1.05\n");

print(ViewDefFile " set_timing_derate \\\n");

print(ViewDefFile " -clock -cell_delay -late -delay_corner
  fast_min 1.05\n");

print(ViewDefFile " set_timing_derate \\\n");

print(ViewDefFile " -data -net_delay -early -delay_corner
  fast_min 0.97\n");

print(ViewDefFile " set_timing_derate \\\n");

print(ViewDefFile " -clock -net_delay -early -delay_corner
  fast_min 0.97\n");

print(ViewDefFile " set_timing_derate \\\n");

print(ViewDefFile " -data -net_delay -late -delay_corner
  fast_min 1.05\n");

print(ViewDefFile " set_timing_derate \\\n");

print(ViewDefFile " -clock -net_delay -late -delay_corner
  fast_min 1.05\n");

print(ViewDefFile "} \n\n");


print(ViewDefFile "create_constraint_mode -name setup_func_
  mode \\\n");

print(ViewDefFile " -sdc_files \\\n");

print(ViewDefFile "[list ${Path}/${Project}/physical/
  SDC/\\\n");

print(ViewDefFile "${TopLevelName}_func.sdc] \n\n");
```

```
print(ViewDefFile "create_constraint_mode -name hold_func_
    mode \\\n");
print(ViewDefFile " -sdc_files [list ${Path}/${Project}/
    physical/SDC/\\\n");
print(ViewDefFile "${TopLevelName}_func.sdc] \n\n");


print(ViewDefFile "create_constraint_mode -name setup_func_
    mode\\\n");
print(ViewDefFile " -sdc_files [list ${Path}/${Project}/
    physical/SDC/\\\n");
print(ViewDefFile "${TopLevelName}_func.sdc] \n\n");


print(ViewDefFile "create_constraint_mode -name hold_func_
    mode\\\n");
print(ViewDefFile " -sdc_files [list ${Path}/${Project}/
    physical/SDC/\\\n");
print(ViewDefFile "${TopLevelName}_func.sdc] \n\n");


print(ViewDefFile "create_constraint_mode -name hold_scanc_
    mode \\\n");
print(ViewDefFile " -sdc_files [list ${Path}/${Project}/
    physical/SDC/\\\n");
print(ViewDefFile "${TopLevelName}_scanc.sdc] \n\n");


print(ViewDefFile "create_constraint_mode -name hold_scans_
    mode\\\n");
print(ViewDefFile " -sdc_files [list ${Path}/${Project}/
    physical/SDC/\\\n");
print(ViewDefFile "${TopLevelName}_scans.sdc] \n\n");


print(ViewDefFile "create_constraint_mode -name setup_
    mbist_mode\\\n");
print(ViewDefFile " -sdc_files [list ${Path}/${Project}/
    physical/SDC/\\\n");
print(ViewDefFile "${TopLevelName}_mbist.sdc] \n\n");


print(ViewDefFile "create_constraint_mode -name hold_mbist_
```

```
mode\\\n");
print(ViewDefFile " -sdc_files [list ${Path}/${Project}/
   physical/SDC/\\\n");
print(ViewDefFile "${TopLevelName}_mbist.sdc] \n\n");


print(ViewDefFile "if {[lsearch [all_analysis_views] hold_
   func]== -1} { \n");
print(ViewDefFile " create_analysis_view -name hold_func
   \\\n");
print(ViewDefFile " -constraint_mode hold_func_mode \\\n");
print(ViewDefFile " -delay_corner fast_min \\\n}\n");


print(ViewDefFile "if {[lsearch [all_analysis_views] setup_
   func] == -1} { \n");
print(ViewDefFile " create_analysis_view -name setup_func
   \\\n");
print(ViewDefFile " -constraint_mode setup_func_mode \\\n");
print(ViewDefFile " -delay_corner slow_max \\\n}\n");


print(ViewDefFile "if {[lsearch [all_analysis_views] hold_
   func] == -1} { \n");
print(ViewDefFile " create_analysis_view -name hold_func
   \\\n");
print(ViewDefFile " -constraint_mode hold_func_mode \\\n");
print(ViewDefFile " -delay_corner fast_min \\\n}\n");


print(ViewDefFile "if {[lsearch [all_analysis_views] setup_
   func] == -1} { \n");
print(ViewDefFile " create_analysis_view -name setup_func
   \\\n");
print(ViewDefFile " -constraint_mode setup_func_mode \\\n");
print(ViewDefFile " -delay_corner slow_max \\\n}\n");


print(ViewDefFile "if {[lsearch [all_analysis_views] hold_
   scanc] == -1} { \n");
print(ViewDefFile " create_analysis_view -name hold_scanc
   \\\n");
print(ViewDefFile " -constraint_mode hold_scanc_mode \\\n");
```

```
    print(ViewDefFile " -delay_corner fast_min \\\n}\n");


    print(ViewDefFile "if {[lsearch [all_analysis_views] hold_
       scans] == -1} { \n");
    print(ViewDefFile " create_analysis_view -name hold_scans
       \\\n");
    print(ViewDefFile " -constraint_mode hold_scans_mode \\\n");
    print(ViewDefFile " -delay_corner fast_min \\\n}\n");


    print(ViewDefFile "if {[lsearch [all_analysis_views] setup_
       mbist] == -1} { \n");
    print(ViewDefFile " create_analysis_view -name setup_mbist
       \\\n");
    print(ViewDefFile " -constraint_mode setup_mbist_mode \\\n");
    print(ViewDefFile " -delay_corner slow_max \\\n}\n");


    print(ViewDefFile "if {[lsearch [all_analysis_views] hold_
       mbist] == -1} { \n");
    print(ViewDefFile " create_analysis_view -name hold_mbist
       \\\n");
    print(ViewDefFile " -constraint_mode hold_mbist_mode \\\n");
    print(ViewDefFile " -delay_corner fast_min \\\n}\n");
    print(ViewDefFile "set_analysis_view \\\n");
    print(ViewDefFile " -setup [list setup_func] -hold
       [list hold_func] \n");
    close(ViewDefFile);
}
else {print "Not building view_definition.tcl file --> $Output
   File exists\n\n";}
```

环境设置 setting.tcl

```
$Output = $Path.'/'.$Project.'/implementaion/physical/
   TCL/'.${TopLevelName}.'_setting.tcl';
if(!(-e $Output)) {
   print "Building setting file --> $Output\n\n";
   unless (open(SetFile,">$Output"))
   {die "ERROR: $Output File exists\n";}
```

```
print(SetFile "### Physical Design Setting ###\n");
print(SetFile "setDesignMode -process 180\n\n");
print(SetFile "#set_option liberty_always_use_nldm true\n\n");
print(SetFile "set_interactive_constraint_modes \\\n");
print(SetFile "[all_constraint_modes -active]\n\n");


print(SetFile "#### Keep Instances and Do Not Use cells ####\n");
if (@KeepCells >0) {
  for ($i=0; $i<@KeepCells; $i++){
  print(SetFile "set_dont_touch [get_cells -hier
    $KeepCells[$i]]
  true\n");
}
}
print(SetFile "\nforeach cell [list \\\n");
  for ($i=0;$i<@DontUse;$i++){
    print(SetFile " {$DontUse[$i]} \\\n");
  }
print(SetFile " ] { \n");
print(SetFile " setDontUse \$cell true \n");
print(SetFile "} \n\n");
print(SetFile "foreach net [list \\\n");
print(SetFile " VDDO \\\n");
print(SetFile " ] {\n");
print(SetFile " set_dont_touch [get_nets \$net] true\n");
print(SetFile " setAttribute -net \$net -skip_routing
    true\n");
print(SetFile "}\n");
close(SetFile);
}
else {print "Not building setting.tcl file --> $Output File
  exists\n\n";}
```

定义 ignore_pins.tcl

```
$Output = $Path.'/'.$Project.'/implementation/physical/
  TCL/'.${TopLevelName}.'_ignore_pins.tcl';
if(!(-e $Output)) {
  print "Building setting file --> $Output\n\n";
  unless (open(IgnorSetFile,">$Output"))
  {die "ERROR: $Output File exists\n";}

  print(IgnorSetFile "#set_ccopt_property \\\n");
  print(IgnorSetFile "sink_type ignore -pin dig_top/pll_
    reg_0/CK\n");
  close(IgnorSetFile);
}
else {print "Not building ignore_pins.tcl file --> $Output
  File exists\n\n";}


### 定义 reset_ignore_pins.tcl ###
$Output = $Path.'/'.$Project.'/implementation/physical/TCL/';
print("${TopLevelName}.'_reset_ignore_pins.tcl'\\\n");
if(!(-e $Output)) {
  print "Building setting file --> $Output\n\n";
  unless (open(ResetIgnorFile,">$Output")) {
    die "ERROR: could not create setting file : $Output\n";
  }

  print(ResetIgnorFile "#set_ccopt_property \\\n");
  print(" sink_type auto -pin dig_top/pll_reg_0/CK\n");
  close(ResetIgnorFile);
}
else {print "Not building reset_ignore_pins.tcl file -->
  $Output File exists\n\n";}


### clk_gate_disable.tcl ###
$Output = $Path.'/'.$Project.'/implementation/physical/TCL/';
print("${TopLevelName}.'_clk_gate_disable.tcl'.\\\n");
if(!(-e $Output)) {
  print "Building setting file --> $Output\n\n";
```

```perl
  unless (open(DisableClkGateFile,">$Output")) {
    die "ERROR: could not create disable clock gating file :
    $Output\n";
  }


  print(DisableClkGateFile "#set_disable_clock_gating_check
    dig_top/g120/B1\n");
  close(DisableClkGateFile);
}
else {print "Not building clk_gate_disable.tcl file --> $Output
  File exists\n\n";}
```

定义 config.tcl

```perl
$Output = $Path.'/'.$Project.'/implementation/physical/TCL/';
print(ConfigFile "${TopLevelName}.'_config.tcl'.\\\n");
if(!(-e $Output)) {
  print "Building config tcl file --> $Output\n\n";
  unless (open(ConfigFile,">$Output"))
  {die "ERROR: could not create config tcl file : $Output\n";}


  print(ConfigFile "setMultiCpuUsage -localCpu 8\n\n");


  print(ConfigFile "#Attribute 'max_fanout' Not Found in
    library\n");
  print(ConfigFile "suppressMessage \"TECHLIB-436\"\n\n");


  print(ConfigFile "set_global report_timing_format \\\n");
  print(ConfigFile "{instance cell pin fanout load delay
    arrival required}\n\n");


  print(ConfigFile "#Disables loading ECSM data from timing
    libraries\n");
  print(ConfigFile "set_global timing_read_library_without_
    ecsm true\n\n");
  print(ConfigFile "#set delaycal_use_default_delay_limit
    1000\n");
  print(ConfigFile "\n");
```

```
    print(ConfigFile "#temporary increase\n");
    print(ConfigFile "setMessageLimit 1000 ENCDB 2078\n");
    print(ConfigFile "\n");


    print(ConfigFile "###\n");


    for ($i=1; $i<@HieModule; $i++){
      print(ConfigFile "#set rda_Input(ui_ilmdir)\\\n");
      print(ConfigFile " \"$HieModule[$i]\" ./$HieModule[$i].
        ilm\n");
    }
    print(ConfigFile "\n");
    print(ConfigFile "alias h history\n");
    print(ConfigFile "\n");
    print(ConfigFile "### Data Base Process Modules ###\n");
    print(ConfigFile "\n");


    close(ConfigFile);
  }
else {print "Not building config file --> $Output File exists\
  n\n";}


### 定义 Floorplan flp.tcl ###
$Output = $Path.'/'.$Project.'/implementation/physical/
  TCL/'.$TopLevelName.'_flp.tcl';
if(!(-e $Output)) {
  print "Building FLP tcl file --> $Output\n\n";
  unless (open(FlpFile,">$Output")) {
    die "ERROR: could not create FLP tcl file : $Output\n";
  }


  print(FlpFile "### Floorplan Setup Environment ###\n");
  print(FlpFile "\n");
  print(FlpFile "source $Path/$Project/physical/TCL/\\\n");
  print(FlpFile "${TopLevelName}_config.tcl\n");
```

```
print(FlpFile "\n");
print(FlpFile "\n");

print(FlpFile "foreach $dir \\\n");
print(FlpFile "[list \\\n");
print(FlpFile " ../rpt ../RPT/plc ../RPT/mmc ../$Ldb ../
  logs] {\n");
print(FlpFile " if { ! [file isdirectory \$dir] } {\n");
print(FlpFile " exec mkdir \$dir\n");
print(FlpFile " }\n");
print(FlpFile "}\n\n");

print(FlpFile "### Initialize Design ###\n");
print(FlpFile "\n");
print(FlpFile "set init_layout_view \"\"\n");
print(FlpFile "set init_oa_view \"\"\n");
print(FlpFile "set init_oa_lib \"\"\n");
print(FlpFile "set init_abstract_view \"\"\n");
print(FlpFile "set init_oa_cell \"\"\n\n");

print(FlpFile "set init_gnd_net {VSS VSSO}\n");
print(FlpFile "set init_pwr_net {VDD VDDO}\n");
print(FlpFile "\n");

print(FlpFile "set init_lef_file \" \\\n");
print(FlpFile " ${Path}/${Project}/physical/LEF/node20_
  tech.lef \\\n");
print(FlpFile " ${Path}/${Project}/physical/lef/clock_NDR.
  lef \\\n");
for ($i=0;$i<@SCLib;$i++) {
  print(FlpFile " ${Path}/${Project}/physical/lef/
    $SCLib[$i] \\\n");
}
for ($i=0;$i<@IOLib;$i++) {
  print(FlpFile " ${Path}/${Project}/physical/lef/
    $IOLib[$i] \\\n");
```

```
  }
  for ($i=0;$i<@Macros;$i++) {
    print(FlpFile " ${Path}/${Project}/physical/lef/
      $Macros[$i].lef \\\n");
  }
  for ($i=1;$i<@HieModule;$i++) {
    print(FlpFile " ${Path}/${Project}/physical/lef/
      $HieModule[$i].lef \\\n");
  }
  for ($i=0;$i<@AddInst;$i++) {
    print(FlpFile " ${Path}/${Project}/physical/lef/
      $AddInst[$i].lef \\\n");
  }
  print(FlpFile "\"\n\n");


  print(FlpFile "set init_assign_buffer \"1\"\n\n");


  print(FlpFile "set init_mmmc_file \"${Path}/${Project}/
    physical/TCL/\\\n");
  print(FlpFile "${TopLevelName}_view_def.tcl\"\n");
  print(FlpFile "set init_top_cell $TopLevelName \n");
  print(FlpFile "set init_verilog ${Path}/${Project}/
    physical/net/\\\n");
  print(FlpFile "$NetlistName \n\n");


  print(FlpFile "init_design\n\n");
  if ($PwrMgt) {
    print(FlpFile "#Load and commit CPF\n");
    print(FlpFile "loadCPF ${Path}/${Project}/physical/
      cpf/\\\n");
    print(FlpFile "${TopLevelName}.cpf\n");
    print(FlpFile "commitCPF\n\n");
  }


  print(FlpFile "#Uncomment to preserve ports on any specific
    module(s)\n");
  print(FlpFile "#set modules [get_cells -filter \\\n");
```

```
print(FlpFile "\"is_hierarchical == true\" dig_top/clk_
    gen*]\n");
print(FlpFile "#getReport {query_objects \\\n");
print(FlpFile "$modules -limit 10000} > ../keep_ports.
    list\n");
print(FlpFile "#setOptMode -keepPort ../keep_ports.list\n\n");


print(FlpFile "#Uncomment for N2N optimization\n");
print(FlpFile "#source ${Path}/${Project}/physical/TCL/\\\n");
print(FlpFile "${TopLevelName}_setting.tcl\n");
print(FlpFile "#set_analysis_view \\\n");
print(FlpFile "-setup [list func_setup] -hold [list func_
    hold\n\n");


print(FlpFile "#runN2NOpt -cwlm \\\n");
print(FlpFile "# -cwlmLib ../wire_load/mycwlm.flat \\\n");
print(FlpFile "# -cwlmSdc ../wire_load/mycwlm.flat.sdc \\\n");
print(FlpFile "# -effort high \\\n");
print(FlpFile "# -preserveHierPinsWithSDC \\\n");
print(FlpFile "# -inDir n2n.input \\\n");
print(FlpFile "# -outDir n2n.output \\\n");
print(FlpFile "# -saveToDesignName n2n_opt.enc\n\n");


print(FlpFile "#freedesign \n");
print(FlpFile "#source ${Path}/${Project}/physical/TCL/\\\n");
print(FlpFile "${TopLevelName}_config.tcl\n");
print(FlpFile "#source n2n.enc\n");
print(FlpFile "#source ${Path}/${Project}/physical/TCL/\\\n");
print(FlpFile "${TopLevelName}_setting.tcl\n\n");


print(FlpFile "#End of N2N optimization\n\n");


print(FlpFile "deleteTieHiLo -cell TIELO\n");
print(FlpFile "deleteTieHiLo -cell TIEHI\n\n");


print(FlpFile "source $Path/$Project/physical/TCL/\\\n");
```

```
print(FlpFile "${TopLevelName}_setting.tcl\n");
print(FlpFile "\n");


if ($PwrMgt == 0){
  print(FlpFile "globalNetConnect VDD -type pgpin -pin
    VDD\n");
  print(FlpFile "globalNetConnect VSS -type pgpin -pin
    VSS\n");
  print(FlpFile "globalNetConnect VSS -type pgpin -pin
    DVSS\n");
  print(FlpFile "\n");
  print(FlpFile "globalNetConnect VDD -type TIEHI\n");
  print(FlpFile "globalNetConnect VSS -type TIELO\n");
  print(FlpFile "\n");
}


print(FlpFile "saveDesign ../$Ldb/int.enc -compress\n");
print(FlpFile "\n");


print(FlpFile "### setup FloorPlan ###\n");
print(FlpFile "\n");


print(FlpFile "floorPlan \\\n");
print(FlpFile " -siteOnly unit \\\n");
print(FlpFile " -coreMarginsBy io \\\n");
print(FlpFile " -d $DieX $DieY 12 12 12 12 \n");
print(FlpFile "\n");


if ($PadFile eq "") {}
else {
  print(FlpFile "addInst -cell $AddInst[0] -inst
    $AddInst[0]\n");
  print(FlpFile "\n");
}


if ($PadFile eq "") {}
```

```
else {
  print(FlpFile "defIn $Path/$Project/physical/def/\\\n");
  print(ViewDefFile "${TopLevelName}_pad.def\n\n");
  print(FlpFile "#foreach side [list top left right bottom]
    {\n");
  print(FlpFile "# addIostd_filer \\\n");
  print(FlpFile "# -prefix pd_filer \\\n");
  print(FlpFile "# -side \$side \\\n");
  print(FlpFile "# -cell {pd_fil10 pd_fil1 pd_fil01 pd_fil001}
    \n");
  print(FlpFile "#}\n\n");
}


if ($PadFile eq "") {
  print(FlpFile "defIn $Path/$Project/physical/def/\\\n");
  print(ViewDefFile "${TopLevelName}_pin.def\n\n");
}


if ($PwrMgt) {
  print(FlpFile "### Create SOFT Power Domain with Keep Out
    Area ###\n");
  print(FlpFile "setObjFPlanBox Group PDWN 988 468 1220
    560\n");
  print(FlpFile "modifyPowerDomainAttr PDWN -minGaps 28 28
    28 28\n");
  print(FlpFile "modifyPowerDomainAttr PDWN -rsExts 30 30
    30 30\n\n");


  print(FlpFile "### Create Nested Power Domains ###\n");
  print(FlpFile "#setObjFPlanBox Group PDWN2 1028 500 1130
    522\n");
  print(FlpFile "#modifyPowerDomainAttr PDWN2 -minGaps 28
    28 28 28\n");
  print(FlpFile "#modifyPowerDomainAttr PDWN2 -rsExts 30 30
    30 30\n");
  print(FlpFile "#cutPowerDomainByOverlaps PDWN\n\n");
```

```
print(FlpFile "### Create HARD Power Domain ###\n");
print(FlpFile "\n");
print(FlpFile "### Add Power Switch Ring ###\n");
print(FlpFile "addPowerSwitch -ring \\\n");

print(FlpFile " -powerDomain PDWN \\\n");
print(FlpFile " -enablePinIn {PWRON1 } -enablePinOut
  {PWRONACK1 } \\\n");
print(FlpFile " -enableNetIn {PWRDWN} -enableNetOut
  {swack_1 } \\\n");
print(FlpFile " -specifySides {1 1 1 1} \\\n");
print(FlpFile " -sideOffsetList {3 3 3 3} \\\n");
print(FlpFile " -globalSwitchCellName {{thdrrng S}
  {hdrrng_ clamp D}} \\\n");
print(FlpFile " -bottomOrientation MY \\\n");
print(FlpFile " -leftOrientation MX90 \\\n");
print(FlpFile " -topOrientation MX \\\n");
print(FlpFile " -rightOrientation MY90 \\\n");
print(FlpFile " -cornerCellList hdrcor_outer \\\n");
print(FlpFile " -cornerOrientationList {MX90 MX MY90 MY}
  \\\n");
print(FlpFile " -globalstd_filerCellName {{hdrrng_fill F}}
  \\\n");
print(FlpFile " -insideCornerCellList thdrcor_inner \\\n");
print(FlpFile " -instancePrefix SWITCH_ \\\n");
print(FlpFile " -globalPattern {D S S S S S S S S S S D}
  \n\n");

print(FlpFile "set PDWN_SWITCH [addPowerSwitch \\\n");
print(FlpFile " -ring -powerDomain PDWN \\\n");
print(FlpFile " -getSwitchInstances]\n\n");
print(FlpFile "rechainPowerSwitch \\\n");
print(FlpFile " -enablePinIn {PWRON2} \\\n");
print(FlpFile " -enablePinOut {PWRONACK2} \\\n");
print(FlpFile " -enableNetIn {swack_1} \\\n");
print(FlpFile "-enableNetOut {swack_2} \\\n");
print(FlpFile " -chainByInstances \\\n");
```

```
    print(FlpFile " -switchInstances \$PDWN_SWITCH\n\n");
}

print(FlpFile "setInstancePlacementStatus\\\n");
print(FlpFile " -allHardMacros -status fixed\n\n");

print(FlpFile "### CreateRegion ###\n");
print(FlpFile "#createInstGroup clk_gen -isPhyHier\n");
print(FlpFile "#addInstToInstGroup clk_gen dig_top/clk_
    gen/*\n");
print(FlpFile "#createRegion clk_gen 1690 3810 2500
    4080\n\n");

print(FlpFile "### For Magnet Placement ###\n");
print(FlpFile "#place_connected \\\n");
print(FlpFile " -attractor /dig_top/PLL \\\n");
print(FlpFile " -attractor_pin clk -level 1 -placed \n\n");

print(FlpFile "#source $Path/$Project/physical/TCL/\\\n");
print(FlpFile "${TopLevelName}_png.tcl\n\n");

print(FlpFile "#Check for missing vias\n");
print(FlpFile "verifyPowerVia -layerRange {MET4 MET1}\n\n");

print(FlpFile "defOut -floorplan $Path/$Project/physical/
    def/\\\n");
print(FlpFile "${TopLevelName}_flp.def\n");
print(FlpFile "\n");

Print(FlpFile "### Reuse the Floorplan with New Netlist
    ###\n");
print(FlpFile "#defIn $Path/$Project/physical/def/\\\n");
print(FlpFile "${TopLevelName}_flp.def\n\n");

print(FlpFile "timeDesign -prePlace \\\n");
print(FlpFile "-expandedViews -numPaths 1000 -outDir ../
```

```
    RPT/flp\n\n");
  print(FlpFile "timeDesign -prePlace \\\n");
  print(FlpFile "-hold -expandedViews -numPaths 1000 -outDir
    ../RPT/flp \n\n");

  print(FlpFile "summaryReport -noHtml \\\n");
  print(FlpFile "-outfile ../RPT/flp/flp_summaryReport.rpt\n\n");

  print(FlpFile "saveDesign ../$Ldb/flp.enc -compress\n\n");

  print(FlpFile "if { [info exists env(FE_EXIT)] && $env(FE_
    EXIT) == 1 } {\n");
  print(FlpFile " exit \n");
  print(FlpFile "} \n");
  close(FlpFile);
}
else {print "Not building FLP tcl file --> $Output File
  exists\n\n";}


### 定义 Placement plc.tcl ###
$Output = $Path.'/'.$Project.'/implementation/physical/TCL/
  '.$TopLevelName.'_plc.tcl';
if(!(-e $Output)) {
  print "Building PLACE tcl file --> $Output\n\n";
  unless (open(PlcFile,">$Output"))
  {die "ERROR: could not create PLACE tcl file : $Output\n";}

  print(PlcFile "### Placement Setup Environment ###\n");
  print(PlcFile "\n");
  print(PlcFile "source $Path/$Project/implementation/
    physical/TCL/\\\n");
  print(PlcFile "${TopLevelName}_config.tcl\n");
  print(PlcFile "\n");
  print(PlcFile "\n");

  print(PlcFile "### Placement setup ###\n");
```

```
print(PlcFile "\n");

print(PlcFile "restoreDesign ../$Ldb/flp.enc.dat
  $TopLevelName\n");
print(PlcFile "\n");
print(PlcFile "source $Path/$Project/physical/TCL/\\\n");
print(PlcFile "${TopLevelName}_setting.tcl\n\n");
print(PlcFile "generateVias\n\n");

print(PlcFile "set_interactive_constraint_modes\\\n");
print(PlcFile " [all_constraint_modes -active]\n");

print(PlcFile "set_max_fanout 50 [current_design]\n");
print(PlcFile "set_max_capacitance 0.300 [current_design]\n");
print(PlcFile "set_max_transition 0.300 [current_design]\
  n\n");

print(PlcFile "update_constraint_mode -name setup_func_
  mode\\\n");
print(PlcFile " -sdc_files [list $Path/$Project/physical/
  SDC/\\\n");
print(PlcFile "${TopLevelName}_func.sdc]\n");
print(PlcFile "create_analysis_view -name setup_func \\\n");
print(PlcFile " -constraint_mode setup_func_mode \\\n");
print(PlcFile " -delay_corner slow_max\n\n");

print(PlcFile "update_constraint_mode -name hold_func_
  mode\\\n");
print(PlcFile " -sdc_files [list $Path/$Project/physical/
  SDC/\\\n");
print(PlcFile "${TopLevelName}_func.sdc]\n");
print(PlcFile "create_analysis_view -name hold_func \\\n");
print(PlcFile " -constraint_mode hold_func_mode \\\n");
print(PlcFile " -delay_corner fast_min\n\n");

print(PlcFile "set_interactive_constraint_modes [all_
  constraint_modes -active]\n");
```

```
print(PlcFile "source $Path/$Project/physical/TCL/\\\n");
print(PlcFile "${TopLevelName}_clk_gate_disable.tcl\n\n");


print(PlcFile "set_analysis_view -setup [list setup_func]
   -hold [list hold_func]\n\n");


print(PlcFile "#setScanReorderMode -keepPDPorts true
   -scanEffort high\n");
print(PlcFile "#defIn $Path/$Project/physical/def/\\\n");
print(PlcFile "${TopLevelName}_scan.def\n\n");


print(PlcFile "setPlaceMode \\\n");
print(PlcFile " -wireLenOptEffort medium \\\n");
print(PlcFile " -uniformDensity true \\\n");
print(PlcFile " -maxDensity -1 \\\n");
print(PlcFile " -placeIoPins false \\\n");
print(PlcFile " -congEffort auto \\\n");
print(PlcFile " -reorderScan true \\\n");
print(PlcFile " -timingDriven true \\\n");
print(PlcFile " -clusterMode true \\\n");
print(PlcFile " -clkGateAware true \\\n");
print(PlcFile " -fp false \\\n");
print(PlcFile " -ignoreScan false \\\n");
print(PlcFile " -groupFlopToGate auto \\\n");
print(PlcFile " -groupFlopToGateHalfPerim 20 \\\n");
print(PlcFile " -groupFlopToGateMaxFanout 20\n\n");


print(PlcFile "setTrialRouteMode -maxRouteLayer $MaxLayer \n");


print(PlcFile "setOptMode \\\n");
print(PlcFile " -effort high \\\n");
print(PlcFile " -preserveAssertions false \\\n");
print(PlcFile " -leakagePowerEffort none \\\n");
print(PlcFile " -dynamicPowerEffort none \\\n");
print(PlcFile " -clkGateAware true \\\n");
print(PlcFile " -addInst true \\\n");
```

```
print(PlcFile " -allEndPoints true \\\n");
print(PlcFile " -usefulSkew false \\\n");
print(PlcFile " -addInstancePrefix PLCOPT_ \\\n");
print(PlcFile " -fixFanoutLoad true \\\n");
print(PlcFile " -maxLength 600 \\\n");
print(PlcFile " -reclaimArea true\n\n");

print(PlcFile "#setOptMode -keepPort ../keep_ports.list\n\n");
print(PlcFile "createClockTreeSpec \\\n");
print(PlcFile " -bufferList { \\\n");
for ($i=0; $i<@CTS_inv_lst; $i++){
  print(PlcFile " $CTS_inv_lst[$i] \\\n");
  }
for ($i=0; $i<@CTS_buf_lst; $i++){
  if ($i != $#CTS_buf_lst) {print(PlcFile " $CTS_buf_
    lst[$i] \\\n");}
  else {print(PlcFile " $CTS_buf_lst[$i]} \\\n");}
}
print(PlcFile " -file ${TopLevelName}_plc.spec \n\n");

print(PlcFile "cleanupSpecifyClockTree\n");
print(PlcFile "specifyClockTree -file ${TopLevelName}_plc.
  spec\n\n");

print(PlcFile "### Adding Spare Cells Cluster###\n");
print(PlcFile "\n");

print(PlcFile "set nonSpareList [dbGet [dbGet -p \\\n");
print(PlcFile "[dbGet -p -v top.insts.isSpareGate 1].pstatus
  unplaced].name]\n");
print(PlcFile "foreach i \$nonSpareList {placeInstance \$i
  0 0 -fixed}\n\n");

print(PlcFile "placeDesign\n\n");

print(PlcFile "dbDeleteTrialRoute\n\n");
```

```
print(PlcFile "createSpareModule \\\n");
print(PlcFile " -moduleName SPARE \\\n");
print(PlcFile " -cell {");
for ($i=0; $i<@SpareCells; $i++){
  print(PlcFile "$SpareCells[$i] ")
}
print(PlcFile "} \\\n");
print(PlcFile " -useCellAsPrefix \n\n");

print(PlcFile "placeSpareModule \\\n");
print(PlcFile " -moduleName SPARE \\\n");
print(PlcFile " -prefix SPARE \\\n");
print(PlcFile " -stepx 500 \\\n");
print(PlcFile " -stepy 500 \\\n");
print(PlcFile " -util 0.8 \n\n");

if ($PwrMgt) {
  print(PlcFile "placeSpareModule \\\n");
  print(PlcFile " -moduleName SPARE \\\n");
  print(PlcFile " -prefix SPARE \\\n");
  print(PlcFile " -stepx 500 \\\n");
  print(PlcFile " -stepy 500 \\\n");
  print(PlcFile " -powerDomain PDWN \\\n");
  print(PlcFile " -util 0.8 \n\n");
}

print(PlcFile "### fix spare cells ###\n");
print(PlcFile "set spareList [dbGet [dbGet -p top.insts.
  isSpare-Gate 1].name]\n");
print(PlcFile "foreach i \$spareList {dbSet \\\n");
print(PlcFile "[dbGet -p top.insts.name \$i].pstatus fixed}\
  n\n");

print(PlcFile "### unplace non spare cells ###\n");
print(PlcFile "foreach i \$nonSpareList {dbSet \\\n");
```

```
print(PlcFile "[dbGet -p top.insts.name \$i].pstatus
    unplaced}\n\n");


print(PlcFile "### Placement ###\n");
print(PlcFile "\n");


print(PlcFile "placeDesign -inPlaceOpt\n\n");
print(PlcFile "timeDesign -prects \\\n");
print(PlcFile " -prefix PLC0 -expandedViews \\\n");
print(PlcFile "-numPaths 1000 -outDir ../RPT/plc \n");
print(PlcFile "\n");
print(PlcFile "saveDesign ../$Ldb/plc0.enc -compress\n\n");


print(PlcFile "### Pre-CTS ###\n");
print(PlcFile "\n");
print(PlcFile "set_interactive_constraint_modes [all_
    constraint_modes -active] \n");
print(PlcFile "setOptMode -addInstancePrefix PRE_func_ \n");
print(PlcFile "setCTSMode -clusterMaxFanout 20 \n\n");


print(PlcFile "optDesign -preCTS \n\n");


print(PlcFile "clearDrc \n\n");


print(PlcFile "verifyConnectivity \\\n");
print(PlcFile " -type special \\\n");
print(PlcFile " -noAntenna \\\n");
print(PlcFile " -nets { VSS VDD } \\\n");
print(PlcFile " -report ../RPT/plc/plc_conn.rpt \n\n");


print(PlcFile "verifyGeometry \\\n");
print(PlcFile " -allowPadstd_filerCellsOverlap \\\n");
print(PlcFile " -allowRoutingBlkgPinOverlap \\\n");
print(PlcFile " -allowRoutingCellBlkgOverlap \\\n");
print(PlcFile " -error 1000 \\\n");
print(PlcFile " -report ../RPT/plc/plc_geom.rpt\n\n");
```

```
print(PlcFile "clearDrc \n\n");


print(PlcFile "setPlaceMode -clkGateAware false\n");

print(PlcFile "setOptMode -clkGateAware false\n\n");


print(PlcFile "### To insert buffer tree on scan clock or
  mbist clock ###\n");

print(PlcFile "bufferTreeSynthesis -net dig_top/scanclk
  -bufList { \\\n");

for ($i=0; $i<@CTS_buf_lst; $i++){

  if ($i != $#CTS_buf_lst) {print(PlcFile " $CTS_buf_
    lst[$i] \\\n");}

  else {print(PlcFile " $CTS_buf_lst[$i]} \\\n");}

}

print(PlcFile " -maxSkew 100ps -maxFanout 10\n\n");


print(PlcFile "set_dont_touch [get_cells {dig_top/scanclk__
  L*}] true\n");

print(PlcFile "set_dont_touch [get_nets {dig_top/scanclk__
  L*}] true\n\n");


print(PlcFile "timeDesign -preCTS -prefix PLC \\\n");

print(PlcFile " -expandedViews -numPaths 1000 -outDir ../
  RPT/plc\n\n");


print(PlcFile "saveDesign -tcon ../$Ldb/plc.enc -compress\
  n\n");


print(PlcFile "summaryReport -noHtml \\\n");

print(PlcFile "-outfile ../RPT/plc/plc_summaryReport.rpt\n\n");


print(PlcFile"### Floorplan Specific Wire Load Model
  ###\n");

print(PlcFile "#wireload -outfile ../wire_load/\\\n");

print(PlcFile "${TopLevelName}_wlm -percent 1.0 -cellLimit
  100000\n\n");
```

```
    print(PlcFile "if { [info exists env(FE_EXIT)] && \$env(FE_
      EXIT) == 1 } {exit}\n");


    close(PlcFile);
}
else {print "Not building PLACE tcl file --> $Output File
  exists\n\n";}
```

时钟树综合 cts.tcl

```
$Output = $Path.'/'.$Project.'/implementation/physical/
  pnrtcl/'.$TopLevelName.'_cts.tcl';
if(!(-e $Output)) {
  print "Building CLOCK SYNTHESIS tcl file --> $Output\n\n";
  unless (open(CtsFile,">$Output"))
  {die "ERROR: could not create CTS tcl file : $Output\n";}

  print(CtsFile "### Clock Tree Synthesis Setup Environment
    ###\n");
  print(CtsFile "\n");

  print(CtsFile "source $Path/$Project/implementation/
    physical/TCL/\\\n");
  print(CtsFile "${TopLevelName}_config.tcl\n");
  print(CtsFile "\n");

  print(CtsFile "### Clock Tree Synthesis Setup ###\n");
  print(CtsFile "\n");

  print(CtsFile "restoreDesign ../$Ldb/plc.enc.dat
    $TopLevelName \n");
  print(CtsFile "\n");

  print(CtsFile "source $Path/$Project/implementation/
    physical/TCL/\\\n");
  print(CtsFile "${TopLevelName}_setting.tcl\n\n");
  print(CtsFile "generateVias\n\n");
```

```
print(CtsFile "set_interactive_constraint_modes [all_
  constraint_modes -active]\n");


print(CtsFile "update_constraint_mode -name setup_func_mode
  \\\n");
print(CtsFile " -sdc_files [list $Path/$Project/physical/
  SDC/\\\n");
print(CtsFile "${TopLevelName}_func.sdc]\n");
print(CtsFile "create_analysis_view -name setup_func \\\n");
print(CtsFile " -constraint_mode setup_func_mode \\\n");
print(CtsFile " -delay_corner slow_max\n\n");
print(CtsFile "update_constraint_mode -name hold_func_mode
  \\\n");
print(CtsFile " -sdc_files [list $Path/$Project/physical/
  SDC/\\\n");
print(CtsFile "${TopLevelName}_func.sdc]\n");
print(CtsFile "create_analysis_view -name hold_func \\\n");
print(CtsFile " -constraint_mode hold_func_mode \\\n");
print(CtsFile " -delay_corner fast_min\n\n");


print(CtsFile "set_analysis_view -setup\\\n");
print(CtsFile " [list setup_func] -hold [list hold_func]\
  n\n");


print(CtsFile "set_interactive_constraint_modes [all_
  constraint_modes -active]\n");


print(CtsFile "source $Path/$Project/physical/TCL/\\\n");
print(CtsFile "${TopLevelName}_clk_gate_disable.tcl\n\n");


print(CtsFile "createClockTreeSpec \\\n");
print(CtsFile " -bufferList { \\\n");
for ($i=0; $i<@CTS_inv_lst; $i++){
  print(CtsFile " $CTS_inv_lst[$i] \\\n");
}
for ($i=0; $i<@CTS_buf_lst; $i++){
  if ($i != $#CTS_buf_lst) {print(CtsFile " $CTS_buf_
```

```
    lst[$i] \\\n");}
  else {print(CtsFile " $CTS_buf_lst[$i]} \\\n");}
}
print(CtsFile " -file ${TopLevelName}_clock.spec \n\n");


print(CtsFile "cleanupSpecifyClockTree\n");
print(CtsFile "specifyClockTree -file ${TopLevelName}_clock.
  spec\n\n");


print(CtsFile "set_interactive_constraint_modes [all_
  constraint_modes -active]\n");


print(CtsFile "set_max_fanout 50 [current_design]\n");
print(CtsFile "set_max_capacitance 0.300 [current_
  design]\n");
print(CtsFile "set_clock_transition 0.300 [all_clocks]\n\n");


print(CtsFile "setAnalysisMode -analysisType
  onChipVariation -cppr both\n\n");


print(CtsFile "setNanoRouteMode \\\n");
print(CtsFile " -routeWithLithoDriven false \\\n");
print(CtsFile " -routeBottomRoutingLayer 1 \\\n");
print(CtsFile " -routeTopRoutingLayer 5 \n\n");


print(CtsFile "setCTSMode \\\n");
print(CtsFile " -clusterMaxFanout 20 \\\n");
print(CtsFile " -routeClkNet true \\\n");
print(CtsFile " -rcCorrelationAutoMode true \\\n");
print(CtsFile " -routeNonDefaultRule NDR_CLK \\\n");
print(CtsFile " -useLibMaxCap false \\\n");
print(CtsFile " -useLibMaxFanout false \n\n");


print(CtsFile "set_ccopt_mode \\\n");
print(CtsFile " -cts_inverter_cells { \\\n");
for ($i=0; $i<@CTS_inv_lst; $i++){
```

```
    if ($i != $#CTS_inv_lst) {print(CtsFile " $CTS_inv_
      lst[$i] \\\n");}
    else {print(CtsFile " $CTS_inv_lst[$i]} \\\n");}
  }
  print(CtsFile " -cts_buffer_cells { \\\n");
  for ($i=0; $i<@CTS_buf_lst; $i++){
    if ($i != $#CTS_buf_lst) {print(CtsFile " $CTS_buf_
      lst[$i] \\\n");}
    else {print(CtsFile " $CTS_buf_lst[$i]} \\\n");}
  }
  print(CtsFile " -cts_use_inverters true \\\n");
  print(CtsFile " -cts_target_skew 0.20 \\\n");
  print(CtsFile " -integration native\n\n");


  print(CtsFile "#set modules [get_cells -filter\\\n");


  print(CtsFile " \"is_hierarchical == true\" dig_top/clk_
    gen/*]\n");
  print(CtsFile "#getReport {query_objects \\\n");
  print(CtsFile "\$modules -limit 10000} > ../keep_ports.
    list\n");
  print(CtsFile "#setOptMode -keepPort ../keep_ports.list\n\n");


  print(CtsFile "set_interactive_constraint_modes [all_
    constraint_modes -active]\n");
  print(CtsFile "set_propagated_clock [all_clocks]\n\n");


  print(CtsFile "set restore [get_global timing_defer_mmmc_
    object_updates]\n");
  print(CtsFile "set_global timing_defer_mmmc_object_updates
    true\n");
  print(CtsFile "set_analysis_view -update_timing\n");
  print(CtsFile "set_global timing_defer_mmmc_object_updates
    \$restore \n\n");
  print(CtsFile "\n");
  print(CtsFile "### CTS Stage ###\n");
  print(CtsFile "\n");
```

```
print(CtsFile "source $Path/$Project/physical/TCL/\\\n");
print(CtsFile "${TopLevelName}_ignore_pins.tcl\n\n");


print(CtsFile "#To keep spares from getting moved\n");
print(CtsFile "set_ccopt_property change_fences_to_guides
  false\n\n");


print(CtsFile "set_ccopt_property max_fanout 30\n\n");
print(CtsFile "\n");


print(CtsFile "### for controlling useful skew to help \\\n");
print(CtsFile "hold try these after all ignore pins are
  found ###\n");
print(CtsFile "### keeps from having too long clock sinks
  by \\\n");
print(CtsFile "limiting max insertion delay to no more than
  5% more than avg ### \n");
print(CtsFile "#set_ccopt_property auto_limit_insertion_
  delay_ factor 1.05 ###\n");
print(CtsFile "### keeps from having too short clock \\\n");
print(CtsFile "sinks by specifying range of skew\n");
print(CtsFile "#set_ccopt_property -target_skew 0.2\n");
print(CtsFile "### forces ccopt to use these constraints
  ###\n");
print(CtsFile "#set_ccopt_property -constrains ccopt \n\n");


print(CtsFile "create_ccopt_clock_tree_spec -immediate\n\n");


print(CtsFile "ccoptDesign\n\n");


print(CtsFile "timeDesign -expandedViews -numPaths 1000 \\\n");
print(CtsFile " -postCTS -outDir ../RPT/cts -prefix CTS0\n");
print(CtsFile "\n");


print(CtsFile "saveDesign ../$Ldb/cts0.enc -compress\n\n");


print(CtsFile "summaryReport -noHtml -outfile\\\n");
```

```
print(CtsFile " ../RPT/cts/cts0_summaryReport.rpt\n\n");
print(CtsFile "\n");


print(CtsFile "### Post-CTS ###\n");
print(CtsFile "\n");


print(CtsFile "source $Path/$Project/physical/TCL/\\\n");
print(CtsFile "${TopLevelName}_reset_ignore_pins.tcl\n\n");


print(CtsFile "set_interactive_constraint_modes [all_
   constraint_modes -active]\n");


print(CtsFile "set_propagated_clock [all_clocks]\n\n");


print(CtsFile "set_interactive_constraint_modes [all_
   constraint_ modes -active]\n");


print(CtsFile "source $Path/$Project/physical/TCL/\\\n");
print(CtsFile "${TopLevelName}_clk_gate_disable.tcl\n\n");


print(CtsFile "set restore [get_global timing_defer_mmmc_
   object_updates]\n");
print(CtsFile "set_global timing_defer_mmmc_object_updates
   true\n");
print(CtsFile "set_analysis_view -update_timing\n");
print(CtsFile "set_global timing_defer_mmmc_object_updates
   \$restore\n\n");


print(CtsFile "setOptMode -fixFanoutLoad true\n");
print(CtsFile "setOptMode -addInstancePrefix CTS1_ \n\n");


print(CtsFile "optDesign -postCTS \n\n");
print(CtsFile "timeDesign -postCTS -expandedViews -numPaths
   1000 -outDir\\\n");
print(CtsFile " ../RPT/cts -prefix CTS1\n\n");


print(CtsFile "saveDesign ../$Ldb/cts1.enc -compress\n\n");
```

```
print(CtsFile "\n");

print(CtsFile "### Switch to Functional SDC ###\n");
print(CtsFile "\n");
print(CtsFile "set_interactive_constraint_modes [all_
  constraint_modes -active]\n");
print(CtsFile "cleanupSpecifyClockTree\n\n");

print(CtsFile "update_constraint_mode -name setup_func_mode
  \\\n");
print(CtsFile " -sdc_files [list $Path/$Project/physical/
  SDC/\\\n");
print(CtsFile "${TopLevelName}_func.sdc]\n");
print(CtsFile "create_analysis_view -name setup_func \\\n");
print(CtsFile " -constraint_mode setup_func_mode \\\n");
print(CtsFile " -delay_corner slow_max\n\n");

print(CtsFile "update_constraint_mode -name hold_func_mode
  \\\n");
print(CtsFile " -sdc_files [list $Path/$Project/physical/
  SDC/\\\n");
print(CtsFile "${TopLevelName}_func.sdc]\n");
print(CtsFile "create_analysis_view -name hold_func\\\n");
print(CtsFile " -constraint_mode hold_func_mode \\\n");
print(CtsFile " -delay_corner fast_min\n\n");

print(CtsFile "set_analysis_view -setup\\\n");
print(CtsFile " [list setup_func] -hold [list hold_func]\
  n\n");

print(CtsFile "set_interactive_constraint_modes [all_
  constraint_modes -active]\n");
print(CtsFile "set_propagated_clock [all_clocks]\n");
print(CtsFile "source $Path/$Project/physical/TCL/\\\n");
print(CtsFile "${TopLevelName}_clk_gate_disable.tcl\n\n");

print(CtsFile "set restore [get_global timing_defer_mmmc_
```

```
    object_updates]\n");
print(CtsFile "set_global timing_defer_mmmc_object_updates
    true\n");
print(CtsFile "set_analysis_view -update_timing\n");
print(CtsFile "set_global timing_defer_mmmc_object_updates
    \$restore\n\n");


print(CtsFile "setOptMode -fixFanoutLoad true\n");
print(CtsFile "setOptMode -addInstancePrefix CTS2_\n\n");
print(CtsFile "optDesign -postCTS\n\n");


print(CtsFile "timeDesign -postCTS -expandedViews -numPaths
    1000\\\n");
print(CtsFile " -outDir ../RPT/cts -prefix CTS2\n");
print(CtsFile "timeDesign -postCTS -hold -expandedViews
    -numPaths 1000 \\\n");


print(CtsFile "-outDir ../RPT/cts -prefix CTS2\n\n");


print(CtsFile "saveDesign ../$Ldb/cts2.enc -compress\n\n");
print(CtsFile "\n");


print(CtsFile "### hold fix ###\n");
print(CtsFile "\n");
print(CtsFile "set_interactive_constraint_modes [all_
    constraint_modes -active]\n");


print(CtsFile "set restore [get_global timing_defer_mmmc_
    object_updates]\n");
print(CtsFile "set_global timing_defer_mmmc_object_updates
    true\n");
print(CtsFile "set_analysis_view -update_timing\n");
print(CtsFile "set_global timing_defer_mmmc_object_updates
    \$restore \n\n");


print(CtsFile "setAnalysisMode -honorClockDomains true\n\n");
```

```
print(CtsFile "setOptMode -addInstancePrefix hold_FIX_ \n\n");


print(CtsFile "set_interactive_constraint_modes [all_
  constraint_modes -active]\n");


print(CtsFile "source $Path/$Project/physical/TCL/\\\n");
print(CtsFile "${TopLevelName}_clk_gate_disable.tcl\n\n");


print(CtsFile "setOptMode \\\n");
print(CtsFile " -fixHoldAllowSetupTnsDegrade false \\\n");
print(CtsFile " -ignorePathGroupsForHold {reg2out in2out}
  \n\n");


for ($i=0; $i<@Hold_buf_lst; $i++){
  print(CtsFile "setDontUse $Hold_buf_lst[$i] false\n");
}
print(CtsFile "\n");
print(CtsFile "setOptMode -holdFixingCells { \\\n");
for ($i=0; $i<@Hold_buf_lst; $i++){
  if ($i != $#Hold_buf_lst) {print(CtsFile " $Hold_buf_
    lst[$i] \\\n");}
  else {print(CtsFile " $Hold_buf_lst[$i] }\n\n");}
}
print(CtsFile "optDesign -postCTS -hold\n\n");


print(CtsFile "timeDesign -postCTS -expandedViews -numPaths
  1000 \\\n");
print(CtsFile "-outDir ../RPT/cts -prefix CTS\n");
print(CtsFile "timeDesign -hold -postCTS -expandedViews
  -numPaths 1000 \\\n");
print(CtsFile "-outDir ../RPT/cts -prefix CTS\n\n");


print(CtsFile "saveDesign ../$Ldb/cts.enc\n\n");


print(CtsFile "summaryReport -noHtml \\\n");
print(CtsFile "-outfile ../RPT/cts/cts_summaryReport.rpt\n\n");
```

```
    print(CtsFile "if { [info exists env(FE_EXIT)] && \$env(FE_
      EXIT) == 1 } {exit}\n");


    close(CtsFile);
}
else {print "Not building CLOCK SYNTHESIS tcl file --> $Output
  File exists\n\n";}


### 最终布线 frt.tcl ###
$Output = $Path.'/'.$Project.'/implementation/physical/TCL/
  '.$TopLevelName.'_frt.tcl';
if(!(-e $Output)) {
  print "Building ROUTING tcl file --> $Output\n\n";
  unless (open(FrtFile,">$Output"))
  {die "ERROR: could not create ROUTING tcl file : $Output\n";}


  print(FrtFile "### Final Route Setup Environment ###\n");
  print(FrtFile "\n");
  print(FrtFile "source $Path/$Project/physical/TCL/\\\n");
  print(FrtFile "${TopLevelName}_config.tcl\n");
  print(FrtFile "\n");


  print(FrtFile "### Final Route setup ###\n");
  print(FrtFile "\n");


  print(FrtFile "restoreDesign ../$Ldb/cts.enc.dat
    $TopLevelName\n");
  print(FrtFile "\n");


  print(FrtFile "source $Path/$Project/physical/TCL/\\\n");
  print(FrtFile "${TopLevelName}_setting.tcl\n\n");


  print(FrtFile "generateVias\n\n");


  print(FrtFile "set_interactive_constraint_modes [all_
    constraint_modes -active]\n\n");
```

```
print(FrtFile "set_analysis_view -setup\\\n");
print(FrtFile " [list setup_func] -hold [list hold_func]\
  n\n");


print(FrtFile "source $Path/$Project/physical/TCL/\\\n");
print(FrtFile "${TopLevelName}_clk_gate_disable.tcl\n\n");


print(FrtFile "setNanoRouteMode -routeTopRoutingLayer
  $MaxLayer \n");
print(FrtFile "setNanoRouteMode -routeWithLithoDriven false
  \n");
print(FrtFile "setNanoRouteMode -routeWithTimingDriven
  false \n");
print(FrtFile "setNanoRouteMode -routeWithSiDriven true \n");
print(FrtFile "setNanoRouteMode -droutePostRouteSpreadWire
  false \n\n");


print(FrtFile "setSIMode -deltaDelayThreshold 0.01 \\\n");
print(FrtFile "-analyzeNoiseThreshold 80 -fixGlitch false\
  n\n");


print(FrtFile "setOptMode -addInstancePrefix INT_FRT_\n\n");


print(FrtFile "set active_corners [all_delay_corners]\n");
print(FrtFile "setAnalysisMode -analysisType
  onChipVariation -cppr setup \n\n");


print(FrtFile "### Final Route Stage ###\n");
print(FrtFile "\n");


print(FrtFile "routeDesign \n");
print(FrtFile "timeDesign -postRoute -prefix INT_FRT
  -expanded Views -numPaths\\\n");
print(FrtFile " 1000 -outDir ../RPT/frt \n\n");


print(FrtFile "saveDesign ../$Ldb/INT_FRT.enc -compress\n");
```

```
print(FrtFile "\n");

print(FrtFile "### DFM ###\n");
print(FrtFile "#setNanoRouteMode -droutePostRouteSpreadWire
    true \\\n");
print(FrtFile "-routeWithTimingDriven false\n");
print(FrtFile "#routeDesign -wireOpt\n");
print(FrtFile "#setNanoRouteMode -droutePostRouteSwapVia
    multiCut\n");
print(FrtFile "#setNanoRouteMode -drouteMinSlackForWireOpti
    mization <slack>\n");
print(FrtFile "#routeDesign -viaOpt\n");
print(FrtFile "#setNanoRouteMode -droutePostRouteSpreadWire
    false\\\n"):
print(FrtFile " -routeWithTimingDriven true\n\n");

print(FrtFile "### Route Optimization ###\n");
print(FrtFile "\n");

print(FrtFile "setNanoRouteMode -drouteUseMultiCutViaEffort
    medium \n\n");

print(FrtFile "setAnalysisMode -analysisType\\\n");
print(FrtFile " onChipVariation -cppr both \n\n");

print(FrtFile "setDelayCalMode -SIAware true -engine
    default \n\n");

print(FrtFile "setExtractRCMode -engine postRoute\\\n");
print(FrtFile " -coupled true -effortLevel medium\n\n");

print(FrtFile "set_interactive_constraint_modes [all_
    constraint_modes -active]\n");
print(FrtFile "set_propagated_clock [all_clocks] \n\n");
print(FrtFile "setOptMode -addInstancePrefix FRT_ \n\n");
print(FrtFile "optDesign -postRoute -prefix OPT_FRT \n\n");
print(FrtFile "setOptMode -addInstancePrefix FRT_HOLD_ \n\n");
```

```
for ($i=0; $i<@Hold_buf_lst; $i++){
  print(FrtFile "setDontUse $Hold_buf_lst[$i] false\n");
}
print(FrtFile "\n");


print(FrtFile "setOptMode -holdFixingCells { \\\n");
for ($i=0; $i<@Hold_buf_lst; $i++){
  if ($i != $#Hold_buf_lst) {print(FrtFile " $Hold_buf_
    lst[$i] \\\n");}
  else {print(FrtFile " $Hold_buf_lst[$i] }\n\n");}
}


print(FrtFile "set_interactive_constraint_modes [all_
  constraint_modes -active]\n");


print(FrtFile "source $Path/$$Project/physical/TCL/\\\n");
print(FrtFile "${TopLevelName}_clk_gate_disable.tcl\n\n");


print(FrtFile "optDesign -postRoute -hold -outDir\\\n");
print(FrtFile " ./RPT/frt -prefix OPT_FRT_HOLD \n");
print(FrtFile "timeDesign -postRoute -hold -prefix \\\n");
print(FrtFile "OPT_FRT_HOLD -expandedViews -numPaths 1000
  -out Dir ../RPT/frt \n\n");
print(FrtFile "timeDesign -postRoute -prefix OPT_FRT \\\n");
print(FrtFile "-expandedViews -numPaths 1000 -outDir ../
  RPT/frt \n\n");


print(FrtFile "saveDesign ../$Ldb/OPT_FRT.enc -compress\n\n");


print(FrtFile "optDesign -postRoute -outDir\\\n");
print(FrtFile " ./RPT/frt -prefix FRT\n\n");


print(FrtFile "### Leakage Optimize ###\n");
print(FrtFile "\n");
```

```
print(FrtFile "#report_power -leakage \n");

print(FrtFile "#optLeakagePower \n");

print(FrtFile "#report_power -leakage \n\n");


print(FrtFile "### SI Optimize ###\n");

print(FrtFile "\n");


print(FrtFile "#set_interactive_constraint_modes [all_
    constraint_modes -active]\n");

print(FrtFile "#setAnalysisMode -analysisType
    onChipVariation -cppr both\n");

print(FrtFile "#setDelayCalMode -SIAware false -engine
    signalstorm\n\n");


print(FrtFile "#setSIMode -fixDRC true -fixDelay true\\\n");

print(FrtFile " -fixHoldIncludeXtalkSetup true -fixGlitch
    false \n\n");

print(FrtFile "#setOptMode -fixHoldAllowSetupTnsDegrade
    false\\\n");

print(FrtFile " -ignorePathGroupsForHold {reg2out in2out} \n");

print(FrtFile "-outDir ../RPT/frt -prefix FRT_SI \n\n");

print(FrtFile "\n");


print(FrtFile "### Finishing ###\n");

print(FrtFile "\n");


print(FrtFile "setNanoRouteMode -droutePostRouteLithoRepair
    false \n\n");


print(FrtFile "setNanoRouteMode -drouteSearchAndRepair
    true\n");

print(FrtFile "globalDetailRoute \n\n");

print(FrtFile "timeDesign -postRoute -hold -prefix FRT_
    HOLD\\\n");

print(FrtFile " -expandedViews -numPaths 1000 -outDir ../
    RPT/frt\n");

print(FrtFile "timeDesign -postRoute -prefix FRT \\\n");
```

```
  print(FrtFile "-expandedViews -numPaths 1000 -outDir ../
    RPT/frt\n\n");


  print(FrtFile "deleteEmptyModule\n\n");


  print(FrtFile "saveDesign -tcon ../$Ldb/frt.enc -compress
    \n\n");


  print(FrtFile "summaryReport -noHtml -outfile \\\n");
  print(FrtFile "../RPT/frt/${TopLevelName}_summaryReport.
    rpt\n\n");


  print(FrtFile "setFillerMode -corePrefix std_fil -core \"");
  for ($i=0; $i<@Stdstd_fil; $i++){
    if ($i != $#Std_fil) {print(FrtFile "$Std_fil[$i] ");}
    else{print(FrtFile "$Std_fil[$i]\"\n");}
  }
  print(FrtFile "addFiller \n\n");
  print(FrtFile "verifyConnectivity -noAntenna\n");
  print(FrtFile "verifyGeometry\n");
  print(FrtFile "verifyProcessAntenna\n\n");


  print(FrtFile "saveDesign -tcon ../$Ldb/\\\n");
  print(FrtFile "${TopLevelName}.enc -compress \n\n");
  print(FrtFile "if { [info exists env(FE_EXIT)] && \$env(FE_
    EXIT) == 1 } {exit}\n");
  close(FrtFile);
}
else {print "Not building ROUTING tcl file --> $Output File
  exists\n\n";}


### ECO 文件及脚本 ECO.tcl ###
$Output = $Path.'/'.$Project.'/implementation/physical/TCL/
  '.$TopLevelName.'_eco.tcl';
if(!(-e $Output)) {
  print "Building ECO tcl file --> $Output\n\n";
  unless (open(EcoFile,">$Output"))
```

```
    {die "ERROR: could not create ECO tcl file : $Output\n";}

print(EcoFile "### Engineering Change Order Setup
  Environment ###\n");
print(EcoFile "\n");
print(EcoFile "source $Path/$Project/implementation/
  physical/TCL/\\\n");
print(EcoFile "${TopLevelName}_config.tcl\n");
print(EcoFile "\n");


print(EcoFile "restoreDesign ../$Ldb/frt.enc.dat
  $TopLevelName \n");
print(EcoFile "\n");


print(EcoFile "source $Path/$Project/physical/TCL/\\\n");
print(EcoFile "${TopLevelName}_setting.tcl\n\n");
print(EcoFile "generateVias\n\n");


print(EcoFile "saveDesign ../$Ldb/frt_0.enc -compress \n\n");


print(EcoFile "### Netlist Based ECO ###\n");
print(EcoFile "\n");
print(EcoFile "ecoDesign -noEcoPlace -noEcoRoute ../$Ldb/
  frt.enc.dat\\\n");
print(EcoFile " $TopLevelName ../ecos/${TopLevelName}_func_
  eco.vg \n");


if ($PadFile eq "") {}
else { print(EcoFile "\naddInst -cell $AddInst[0] -inst
  $AddInst[0]\n\n");}


print(EcoFile "ecoPlace \n");
print(EcoFile "\n");


print(EcoFile "### TCL Based ECO ###\n");
print(EcoFile "\n");
```

```
print(EcoFile "setEcoMode -honorDontUse false\\\n");
print(EcoFile " -honorDontTouch false -honorFixedStatus
    false\n");
print(EcoFile "setEcoMode -refinePlace false\\\n");
print(EcoFile " -updateTiming false -batchMode true \n\n");


print(EcoFile "setOptMode -addInstancePrefix ECO1_\n\n");


print(EcoFile "source ../ecos/${TopLevelName}_eco.tcl \n");
print(EcoFile "\n");


print(EcoFile "refinePlace -preserveRouting true\n");
print(EcoFile "checkPlace\n\n");
print(EcoFile "### ECO Routing ###\n");
print(EcoFile "\n");
print(EcoFile "setNanoRouteMode -droutePostRouteLithoRepair
    false \n");
print(EcoFile "setNanoRouteMode -routeWithLithoDriven false
    \n\n");


print(EcoFile "### For limiting layers in ECO ###\n");
print(EcoFile "#setNanoRouteMode -routeEcoOnlyInLayers
    1:4\n");
print(EcoFile "#ecoRoute -modifyOnlyLayers 1:4\n");
print(EcoFile "#routeDesign\n\n");


print(EcoFile "### For regular all layer ECO ###\n");
print(EcoFile "ecoRoute \n");
print(EcoFile "routeDesign \n\n");


print(EcoFile "### Antenna Fixing ###\n");
print(EcoFile "\n");
print(EcoFile "#To fix remaining antenna violations\\\n");
print(EcoFile " by inserting diodes automatically\n");
print(EcoFile "#setNanoRouteMode -drouteFixAntenna true\\\n");
print(EcoFile " -routeInsertAntennaDiode true
    -routeAntennaCellName {ADIODE}\n");
```

```
print(EcoFile "#routeDesign\n");
print(EcoFile "#setNanoRouteMode -drouteFixAntenna true\\\n");
print(EcoFile " -routeInsertAntennaDiode false\n");
print(EcoFile "#routeDesign\n\n");

print(EcoFile "### To add antenna diode by manual ECO ###\n");
print(EcoFile "#attachDiode -diodeCell ADIODE -pin dig_top/
   mclk_scanmux A\n\n");

print(EcoFile "### Excessive Routing Violations ###\n");
print(EcoFile "\n");

print(EcoFile "### Strategy: Remove and re-route nets with
   shorts ###\n");
print(EcoFile "#reroute_shorts\n");
print(EcoFile "#ecoRoute\n");
print(EcoFile "#routeDesign\n\n");

print(EcoFile "### Strategy: Relax clock NDR rules on nets
   in congested area ###\n");
print(EcoFile "### list all net names on which to relax
   constraints here ###\n");
print(EcoFile "#set ndr_nets { List of NRD clock nets
   here}\n");
print(EcoFile "#remove_ndr_nets \$ndr_nets\n");
print(EcoFile "#ecoRoute\n");
print(EcoFile "#routeDesign\n\n");

print(EcoFile "### Check for missing vias ###\n");
print(EcoFile "verifyPowerVia -layerRange {MET4 MET1}\n\n");

print(EcoFile "saveDesign ../$Ldb/frt.enc -compress\n");
print(EcoFile "\n");

print(EcoFile "setstd_filerMode -corePrefix std_fil -core \"");
for ($i=0; $i<@Stdstd_fil; $i++){
```

```
    if ($i != $#Stdstd_fil) {print(EcoFile "$Stdstd_fil[$i] ");}
    else{print(EcoFile "$Stdstd_fil[$i]\"\n");}
  }
  print(EcoFile "addstd_filer \n\n");
  print(EcoFile "saveDesign ../$Ldb/${TopLevelName}.enc
    -compress \n\n");


  print(EcoFile "if { [info exists env(FE_EXIT)] && \$env(FE_
    EXIT) == 1 } {exit}\n");


  close(EcoFile);
}
else {print "Not building ECO tcl file --> $Output File
  exists\n\n";}


### GDS 输出 gds.tcl ###
$Output = $Path.'/'.$Project.'/implementation/physical/TCL/
  '.$TopLevelName.'_gds.tcl';
if(!(-e $Output)) {
  print "Building EXPORT GDS tcl file --> $Output\n\n";
  unless (open(GdsFile,">$Output"))
  {die "ERROR: could not create EXPORT GDS tcl file : $Output\n";}

  print(GdsFile "### Export GDS Setup Environment ###\n");
  print(GdsFile "\n");
  print(GdsFile "source $Path/$Project/implementation/
    physical/TCL/\\\n");
  print(GdsFile "${TopLevelName}_config.tcl\n");
  print(GdsFile "\n");

  print(GdsFile "### Export GDS From EDI Database ###\n");
  print(GdsFile "\n");

  print(GdsFile "restoreDesign ../$Ldb/\\\n");
  print(GdsFile "$TopLevelName.enc.dat $TopLevelName \n\n");
```

```
print(GdsFile "source $Path/$Project/physical/TCL/\\\n");
print(GdsFile "${TopLevelName}_setting.tcl \n");
print(GdsFile "\n");


if ($PadFile eq ""){
  print(GdsFile "streamOut $Path/$Project/physical/gds/
    macros/\\\n");
  print(GdsFile "${TopLevelName}_edi.gds -mode ALL
    -dieAreaAsBoundary\\\n");
  print(GdsFile " -mapFile ../streamOut.map \n");
  print(GdsFile "\n");
}
else{
  print(GdsFile "streamOut $Path/$Project/physical/
    gds/\\\n");
  print(GdsFile "${TopLevelName}_edi.gds -mode ALL
    -dieAreaAsBoundary\\\n");
  print(GdsFile " -mapFile ../streamOut.map \n");
  print(GdsFile "\n");
}


  print(GdsFile "if { [info exists env(FE_EXIT)] && \$env(FE_
    EXIT) == 1 } {exit}\n");


  close(GdsFile);
}
else {print "Not building EXPORT GDS tcl file --> $Output File
  exists\n\n";}


### 门级网表输出 net.tcl ###
$Output = $Path.'/'.$Project.'/implementation/physical/TCL/
  \\\n");
print(NetFile "'.$TopLevelName.'_net.tcl';
if(!(-e $Output)) {
  print "Building OUTPUT VERILOG tcl file --> $Output\n\n";
  unless (open(NetFile,">$Output"))
  {die "ERROR: could not create OUTPUT VERILOG tcl file :
```

```
      $Output\n";}


print(NetFile "### Export Netlist Setup Environment ###\n");
print(NetFile "\n");
print(NetFile "source $Path/$Project/implementation/
  physical/TCL/\\\n");
print(NetFile "${TopLevelName}_config.tcl\n");
print(NetFile "\n");
print(NetFile "### Export Verilog Netlist ###\n");
print(NetFile "\n");


print(NetFile "restoreDesign ../$Ldb/\\\n");
print(NetFile "${TopLevelName}.enc.dat $TopLevelName \n");
print(NetFile "\n");


print(NetFile "source $Path/$Project/physical/TCL/\\\n");
print(NetFile "${TopLevelName}_setting.tcl\n");
print(NetFile "\n");


print(NetFile "### write no Power/Ground netlist ###\n");
print(NetFile "saveNetlist $Path/$Project/physical/net/\\\n");
print(NetFile "${TopLevelName}_func.vg -topCell
  $TopLevelName \\\n");
print(NetFile " -excludeLeafCell \\\n");
print(NetFile " -excludeTopCellPGPort {VDD VSS} \\\n");
print(NetFile " -excludeCellInst {$AddInst[0]} \n");
print(NetFile "\n");


print(NetFile "### write with Power/Ground netlist\n");
print(NetFile "saveNetlist $Path/$Project/physical/net/\\\n");
print(NetFile "${TopLevelName}_func_pg.vg \\\n");
print(NetFile " -excludeLeafCell \\\n");
print(NetFile " -includePowerGround \\\n");
print(NetFile " -excludeCellInst {$AddInst[0]} \n");
print(NetFile "\n");
```

```
    print(NetFile"### write DEF ###\n");
    print(NetFile "\n");


    print(NetFile "defOut -routing $Path/$Project/physical/def/
      \\\n");
    print(NetFile "${TopLevelName}.def \n");
    print(NetFile "\n");


    print(NetFile "if { [info exists env(FE_EXIT)] && \$env(FE_
      EXIT) == 1 } {exit}\n");


    close(NetFile);
}
else {print "Not building OUTPUT VERILOG tcl file --> $Output
  File exists\n\n";}


### 寄生参数抽取, SPEF 输出 spef.tcl ###
$Output = $Path.'/'.$Project.'/implementation/physical/TCL/
  '.$TopLevelName.'_spef.tcl';
if(!(-e $Output)) {
  print "Building OUTPUT SPEF tcl file --> $Output\n\n";
  unless (open(SpefFile,">$Output"))
  {die "ERROR: could not create OUTPUT SPEF tcl file : $Output\n";}


  print(SpefFile "### Export SPEF Setup Environment ###\n");
  print(SpefFile "\n");
  print(SpefFile "source $Path/$Project/implementation/
    physical/TCL/\\\n");
  print(SpefFile "${TopLevelName}_config.tcl\n");
  print(SpefFile "\n");
  print(SpefFile "### Export SPEF Files ###\n");
  print(SpefFile "\n");


  print(SpefFile "restoreDesign ../$Ldb/${TopLevelName}.enc.
    dat $TopLevelName\n");
  print(SpefFile "\n");
```

```
    print(SpefFile "source $Path/$Project/physical/TCL/\\\n");
    print(SpefFile "${TopLevelName}_setting.tcl\n");
    print(SpefFile "\n");

    print(SpefFile "setExtractRCMode -coupled true
      -effortLevel\\\n");
    print(SpefFile " high -engine postRoute -coupling_c_th
      3\\\n");
    print(SpefFile " -relative_c_th 0.03 -total_c_th 3 \n");
    print(SpefFile "setAnalysisMode -analysisType
      onChipVariation -cppr both \n\n");

    print(SpefFile "extractRC\n\n");

    print(SpefFile "rcOut -rc_corner rc_max -spef $Path/
      $Project/physical/spef/\\\n");
    print(SpefFile "${TopLevelName}_max.spef.gz\n");
    print(SpefFile "rcOut -rc_corner rc_min -spef $Path/
      $Project/physical/spef/\\\n");
    print(SpefFile "${TopLevelName}_min.spef.gz\n");
    print(SpefFile "\n");

    print(SpefFile "if { [info exists env(FE_EXIT)] && \$env(FE_
      EXIT) == 1 } {exit}\n");
    close(SpefFile);
}
else {print "Not building OUTPUT SPEF tcl file --> $Output
  File exists\n\n";}


### 定义 MMMC mmmc.tcl ###
$Output = $Path.'/'.$Project.'/implementation/physical/TCL/
  '.$TopLevelName.'_mmmc.tcl';
if(!(-e $Output)) {
  print "Building MULTI-MODE MULTI-CORNER tcl file -->
$Output\n\n";
  unless (open(MmcFile,">$Output"))
  {die "ERROR: could not create ROUTING tcl file : $Output\n";}
```

```
print(MmcFile "### Multi-Mode Multi-Corner Setup
   Environment ###\n");

print(MmcFile "\n");

print(MmcFile "source $Path/$Project/implementation/
   physical/TCL/\\\n");

print(MmcFile "${TopLevelName}_config.tcl\n");

print(MmcFile "\n");


print(MmcFile "### Multi-Mode Multi-Corner Setup ###\n");

print(MmcFile "\n");


print(MmcFile "restoreDesign ../$Ldb/frt.enc.dat
   $TopLevelName\n");

print(MmcFile "\n");


print(MmcFile "source $Path/$Project/physical/TCL/\\\n");

print(MmcFile "${TopLevelName}_setting.tcl\n\n");


print(MmcFile "generateVias\n\n");


print(MmcFile "saveDesign ../$Ldb/frt_no_mmc_opt.enc
   -compress\n\n");


print(MmcFile "\n");

print(MmcFile "set_analysis_view -setup [list setup_func
   setup_mbist]\\\n");

print(MmcFile "-hold [list hold_func hold_scanc hold_scans
   hold_mbist]\n");

print(MmcFile "\n");

print(MmcFile "set_interactive_constraint_modes [all_
   constraint_modes -active]\n");

print(MmcFile "\n");

print(MmcFile "update_constraint_mode -name setup_func_mode
   \\\n");

print(MmcFile " -sdc_files [list $Path/$Project/physical/
   SDC/\\\n");
```

```
print(MmcFile "${TopLevelName}_func.sdc]\n");

print(MmcFile "create_analysis_view -name setup_func \\\n");

print(MmcFile " -constraint_mode setup_func_mode \\\n");

print(MmcFile " -delay_corner slow_max\n");

print(MmcFile "\n");

print(MmcFile "update_constraint_mode -name hold_func_mode
  \\\n");

print(MmcFile " -sdc_files [list $Path/$Project/physical/
  SDC/\\\n");

print(MmcFile "${TopLevelName}_func.sdc]\n");

print(MmcFile "create_analysis_view -name hold_func\\\n");

print(MmcFile " -constraint_mode hold_func_mode \\\n");

print(MmcFile " -delay_corner fast_min\n");

print(MmcFile "\n");

print(MmcFile "update_constraint_mode -name hold_scans_mode
  \\\n");

print(MmcFile " -sdc_files [list $Path/$Project/physical/
  SDC/\\\n");

print(MmcFile "${TopLevelName}_scans.sdc]\n");

print(MmcFile "create_analysis_view -name hold_scans \\\n");

print(MmcFile " -constraint_mode hold_scans_mode \\\n");

print(MmcFile " -delay_corner fast_min\n");

print(MmcFile "\n");

print(MmcFile "update_constraint_mode -name hold_scanc_mode
  \\\n");

print(MmcFile " -sdc_files [list $Path/$Project/physical/
  SDC/\\\n");

print(MmcFile "${TopLevelName}_scanc.sdc]\n");

print(MmcFile "create_analysis_view -name hold_scanc \\\n");

print(MmcFile " -constraint_mode hold_scanc_mode \\\n");

print(MmcFile " -delay_corner fast_min\n");

print(MmcFile "\n");

print(MmcFile "update_constraint_mode -name setup_mbist_
  mode \\\n");

print(MmcFile " -sdc_files [list $Path/$Project/physical/
  SDC/\\\n");

print(MmcFile "${TopLevelName}_mbist.sdc]\n");
```

```
print(MmcFile "create_analysis_view -name setup_mbist \\\n");
print(MmcFile " -constraint_mode setup_mbist_mode \\\n");
print(MmcFile " -delay_corner slow_max\n");
print(MmcFile "\n");
print(MmcFile "update_constraint_mode -name hold_mbist_mode
    \\\n");
print(MmcFile " -sdc_files [list $Path/$Project/physical/
    SDC/\\\n");
print(MmcFile "${TopLevelName}_mbist.sdc]\n");
print(MmcFile "create_analysis_view -name hold_mbist \\\n");
print(MmcFile " -constraint_mode hold_mbist_mode \\\n");
print(MmcFile " -delay_corner fast_min\n");
print(MmcFile "\n");


print(MmcFile "set_analysis_view \\\n");
print(MmcFile " -setup [list setup_func setup_mbist] \\\n");
print(MmcFile"-hold [list hold_func hold_scanc hold_scans
    hold_mbist]\n");
print(MmcFile "\n");
print(MmcFile "set_interactive_constraint_modes [all_
constraint_modes -active]\n");
print(MmcFile "source $Path/$Project/physical/TCL/\\\n");
print(MmcFile "${TopLevelName}_clk_gate_disable.tcl\n\n");


print(MmcFile "set_interactive_constraint_modes [all_
    constraint_modes -active]\n");
print(MmcFile "set report_timing_format\\\n");
print(MmcFile " {instance cell pin arc fanout load delay
    arrival}\n");
print(MmcFile "set_propagated_clock [all_clocks]\n");
print(MmcFile "\n");
print(MmcFile "timeDesign -postRoute -numPaths 1000 \\\n");
print(MmcFile "-outDir ../RPT/pre_mmc -expandedViews\n");
print(MmcFile "timeDesign -hold -postRoute -numPaths 1000
    \\\n");
print(MmcFile "-outDir ../RPT/pre_mmc -expandedViews\n");
print(MmcFile "\n");
```

```
print(MmcFile "setOptMode -addInstancePrefix MMC_\n\n");
print(MmcFile "optDesign -postRoute\n");
print(MmcFile "timeDesign -postRoute -numPaths 1000 \\\n");
print(MmcFile "-outDir ../RPT/mmc_no_hold -expandedViews\n");
print(MmcFile "timeDesign -hold -postRoute -numPaths 1000
  \\\n");
print(MmcFile "-outDir ../RPT/mmc_no_hold -expandedViews\n");
print(MmcFile "\n");
print(MmcFile "saveDesign -tcon ../$Ldb/frt_mmc_no_hold.enc
  -compress\n\n");

for ($i=0; $i<@Hold_buf_lst; $i++){
  print(MmcFile "setDontUse $Hold_buf_lst[$i] false\n");
}
print(MmcFile "\n");

print(MmcFile "setOptMode -holdFixingCells { \\\n");
for ($i=0; $i<@Hold_buf_lst; $i++){
  if ($i != $#Hold_buf_lst) {print(MmcFile " $Hold_buf_
    lst[$i] \\\n");}
  else {print(MmcFile " $Hold_buf_lst[$i] }\n\n");}
}

print(MmcFile "setOptMode -fixHoldAllowSetupTnsDegrade
  false\\\n");
print(MmcFile " -ignorePathGroupsForHold {reg2out in2out}\n");
print(MmcFile "\n");
print(MmcFile "optDesign -hold -postroute\n");
print(MmcFile "optDesign -postRoute\n");
print(MmcFile "timeDesign -postRoute -hold \\\n");
print(MmcFile "-outDir ../RPT/mmc -numPaths 1000
  -expandedViews\n");
print(MmcFile "timeDesign -postRoute \\\n");
print(MmcFile "-outDir ../RPT/mmc -numPaths 1000
  -expandedViews\n");
print(MmcFile "\n");
print(MmcFile "saveDesign -tcon ../$Ldb/frt.enc -compress\n");
```

```
    print(MmcFile "\n");

    print(MmcFile "summaryReport -noHtml \\\n");
    print(MmcFile "-outfile ../RPT/mmc/\\\n");
    print(MmcFile "${TopLevelName}_summaryReport.rpt \n\n");

    print(MmcFile "setstd_filerMode -corePrefix std_fil -core \"");
    for ($i=0; $i<@Stdstd_fil; $i++){
      if ($i != $#Stdstd_fil) {print(MmcFile "$Stdstd_fil[$i] ");}
      else{print(MmcFile "$Stdstd_fil[$i]\"\n");}
    }
    print(MmcFile "addstd_filer \n\n");

    print(MmcFile "saveDesign -tcon ../$Ldb/$TopLevelName.enc
      -compress\n");
    print(MmcFile "\n");
  }
else {print "Not building MULTI_MODE_MULTI_CORNER tcl file -->
  Design File exists\n\n";}


###  Makefile 文件生成 runAll.tcl ###
$Output = $Path.'/'.$Project.'/implementation/physical/PNR.
  $/runAll.tcl';
if(!(-e $Output)) {
  unless(open(runAllFile,">$Output"))
  { die "ERROR: could not write to file $Output\n"; }
  print(runAllFile "\#!/bin/tcsh -f \n\n");
  print(runAllFile "setenv FE_EXIT 1 \n\n");
  print(runAllFile "encounter -64 -log ../logs/flp.log -replay
    ../../tcl/\\\n");
  print(runAllFile "${TopLevelName}_flp.tcl\n");
  print(runAllFile "encounter -64 -log ../logs/plc.log
    -replay ../../tcl/\\\n");
  print(runAllFile "${TopLevelName}_plc.tcl\n");
  print(runAllFile "encounter -64 -log ../logs/cts.log
    -replay ../../tcl/\\\n");
  print(runAllFile "${TopLevelName}_func.tcl\n");
```

```perl
  print(runAllFile "encounter -64 -log ../logs/frt.log
    -replay ../../tcl/\\\n");
  print(runAllFile "${TopLevelName}_frt.tcl\n");
  print(runAllFile "encounter -64 -log ../logs/mmc.log
    -replay ../../tcl/\\\n");
  print(runAllFile "${TopLevelName}_mmc.tcl\n");
  print(runAllFile "encounter -64 -log ../logs/net.log
    -replay ../../tcl/\\\n");
  print(runAllFile "${TopLevelName}_net.tcl\n");
  print(runAllFile "encounter -64 -log ../logs/spef.log
    -replay ../../tcl/\\\n");
  print(runAllFile "${TopLevelName}_spef.tcl\n");
  print(runAllFile "encounter -64 -log ../logs/gds.log
    -replay ../../tcl/\\\n");
  print(runAllFile "${TopLevelName}_gds.tcl\n");
  close(runAllFile);
}
sub parse_command_line {
  for ($i=0; $i<=$#ARGV; $i++) {
    $_ = $ARGV[$i];
    if (/^-i/) { $DataFile = $ARGV[++$i] }
    if (/^-h\b/) { &print_usage }
  }
  unless ( $DataFile ) {
    print "\n";
    print "ERROR: No options specified.\n";
    print "\nusage: make_pd_tcl -i design_pd.env.dat\n";
    print "\n";
    exit(0);
  }
}
sub print_usage {
  print "\nusage: make_pd_tcl -i design_pd.envdat\n";
  print "\n";
  print " -i #design_pd.env is project environmental file
    under /project/XX/physical/env dir.\n";
  print "\n";
```

```
print " This command creates all tcl files needed for PNR
    under /project/XX/physical/TCL\n";
print "\n";
}
```

1.6　总　结

本章讨论了数据结构的概念和相应的视图。数据结构分为通用数据结构和项目数据结构两种。作为实现统一高级 ASIC 设计的前提，对这些数据结构进行了讨论，其中包括 QC、VCS 和 SVN。

此外，讨论了基于 PVT 的数据变化对设计的影响。

对于具有先进工艺节点（40nm 及以下）所需的文件库、物理设计、静态时序分析、门级仿真，验证和实现这些数据有了清晰的理解，并介绍了基于以下标准的命名约定：

· 工艺节点。

· 晶体管类型：PMOS 和 NMOS 的快慢组合。

· 寄生参数提取：电容和电阻的最小值与最大值的组合。

· 工作温度：最低和最高的工作温度。

· 工作电压：最低和最高的工作电压。

参考文献

［1］ K Briney.Data Management for Researchers.Exeter:Pelagic Publishing, 2015.

［2］ W Nagel.Subversion Version Control: Using Subversion Control System in Development Projects.Upper Saddle River:Prentice Hall PTR,2005.

［3］ K Golshan.Physical Design Essentials, an ASIC Design Implementation Perspective.New York, USA:Springer Business Media,2007.

第2章　MMMC分析

多任务处理的秘密在于它实际上并不是多任务处理。

这只是极度的专注和组织。

Joss Whedon

今天的 ASIC 设计需要在不同的模式和不同的工艺角下保持时序收敛。一般来说，先进的 ASIC 设计实现流程必须能够在不同的设计模式（如功能模式、测试模式）和 PVT 条件下满足其功能设计（多路供电电压）。

这些功能模式需要对其在不同的工艺角下进行时序分析和优化，以确保最终的 ASIC 产品能在不同环境条件下按预期运行。最后，ASIC 设计必须满足所有工作模式和工艺角的时序要求，这就是所谓的时序签收过程。

对于 45nm 及以下的工艺节点，由于需要满足更多工艺角下的时序收敛，因此时序的签收过程变得越来越复杂。

对于较大的工艺节点，如 45nm 到 180nm，需要关注以下工作条件（假设工作电压为 1.0V）：

【最佳工艺角】

· 工艺：快 PMOS 和快 NMOS 晶体管。

· 寄生参数：最小电阻和最小电容。

· 工作电压：最高电压（比如 1.1V）。

· 工作温度：最低温度（比如 −40℃）。

【最差工艺角】

· 工艺：慢 PMOS 和慢 NMOS 晶体管。

· 寄生参数：最大电阻和最大电容。

· 工作电压：最低电压（比如 0.9V）。

· 工作温度：最高温度（比如 125℃）。

然而，随着半导体制造商开始提供不同的选择，如多个阈值电压（低、标准、高）、较小的相邻连线轨道、温度反转效应，以及泄漏电流问题，使得时序收敛的情况发生改变。这些硅工艺的变化增加了时序分析的难度和时间。

从最初的两个工艺角（最佳工艺角和最差工艺角）的时序分析增加到至少三个额外的工艺角。附加的工艺角时序分析包含了高压下低温的影响（包括快慢 MOS 管对阈值电压的影响）。

随着硅加工技术的进步，相邻连线之间的间隔越来越近（布线轨道增加）。此外，互连线的宽度也变小了。这两个变化引入了耦合电容对时序影响的问题。

最初被忽略的对地和管脚电容的负载，现在需要考虑交叉耦合和噪声效应的影响。

在 45nm 时，互连层的工艺变化再次增加了工艺角的复杂性，在设计时必须考虑到其对时序的影响。

考虑到 20nm 及以下工艺节点，PMOS/NMOS 晶体管的快慢模型、互连线的寄生参数模型的改变以及工作模式和测试模式的增加，使模式和工艺角的组合达到数百个。对于今天先进的 ASIC 设计来说，MMMC 时序分析是首选方法。

MMMC 时序分析方法解决了多个工作模式和多个工艺角的时序需求，并能够同时而不是依次地分析和优化不同的功能模式和不同的工艺角下的时序。

2.1 典型的ASIC设计实现流程

典型的 ASIC 设计实现是使用最差工艺角来综合功能模式的 RTL 设计，旨在满足设计的建立时间的要求。在综合完成后，综合工程师将网表（预布局网表）提供给物理设计师来进行相关的布局和布线。

一旦预布局网表可用，物理设计师就开始使用最差情况模式和工艺角进行物理设计。在物理设计期间，主要目标是确保连线设计符合物理设计规则要求（例如，没有断路和短路的连线）。在布线设计结束后，物理设计工程师提供布局布线之后的网表给时序分析工程师。时序分析工程师检查不同工艺、电压和温度条件下的时序分析是否满足时序要求。

在典型的 ASIC 设计实现中，可以通过两个不同工作点上的时序分析和优化来判断时序是否满足要求。第一个点是选取 PVT 的最差情况来进行建立时间的检查，第二个点是选取 PVT 的最佳情况来进行保持时间的检查。

在典型的 ASIC 时序收敛中，会根据工作模式和工艺角，把时序验证工作分配给多个时序分析工程师。基本 ASIC 工作模式和工艺角的分配如下：

· 功能模式下的建立时间检查。（最差工艺角）

· 功能模式下的保持时间检查。（最佳工艺角）

· 扫描捕获模式下的保持时间检查。（最佳工艺角）

· 扫描移位模式下的保持时间检查。（最佳工艺角）

典型的 ASIC 设计实现流程如图 2.1 所示，该过程将从消除功能模式下的建立时间违例开始。为了消除建立时间违例，需要通过大量的 ECO 方式来进行。这是因为在物理设计阶段，设计规则约束的优先级比建立时间违例的优先级高。

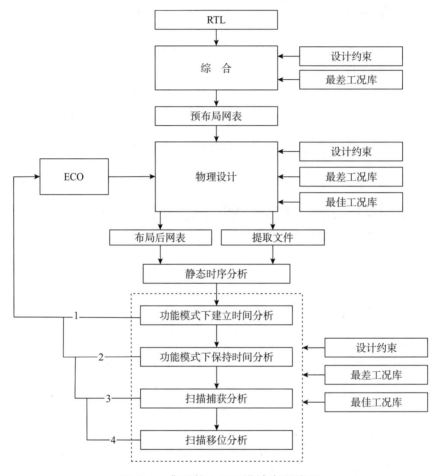

图 2.1 典型的 ASIC 设计实现流程

一旦功能模式下的建立时间正常（步骤 1），那么工程师将开始修复功能模式下的保持时间违例。这将导致更多的 ECO 用于功能模式下的建立时间和保持时间的修复。修复功能模式下的保持时间违例可能会导致功能模式下的建立时间出现违例；修复功能模式下的建立时间违例也可能会导致功能模式下的保持时间再次出现违例。

同样的问题也存在于扫描捕获模式下的保持时间违例的修复（步骤 3）。扫描捕获模式下的保持时间违例的修复对功能模式下的建立时间和保持时间都有直接影响。因此，需要重复之前演示的过程。

这种动作可能需要重复很多次。

修复功能模式下的建立时间违例、功能模式下的保持时间违例、扫描捕获模式下的保持时间违例后，接下来就将进行扫描移位模式下的保持时间违例的修复（步骤 4）。因为这个模式独立于其他设计模式，所以修复其保持时间违例时，时序工程师只需要简单地添加一个延迟单元到扫描移位的输入端即可。

可以看到，典型的 ASIC 设计实现不仅需要多个时序分析工程师，而且还增加了设计实现周期（由于不必要的 ECO），最终影响产品上市的时间。

2.2 MMMC定义

我们已经回顾了典型 ASIC 设计实现的过程及其问题，下面将讨论使用MMMC 设计流程的优缺点。

在 MMMC 设计实现流程中，MMMC 定义（或规则）是核心，如何在不同阶段调用这些规则是关键。在不同的工作模式和工艺角下同时执行时序分析有助于缩短 ASIC 设计实现时间。

下面的 MMMC 定义基于 Cadence Encounter 系统。这些 MMMC 定义因不同的 EDA 工具而异，因为每个工具都使用自己的专有术语。然而，MMMC定义的使用在 EDA 提供者之间是一致的。

创建适当的 MMMC 定义需要以下信息：

· 定义 RC（电阻和电容）工艺角（例如，最差和最佳）。

· 定义一个库集，包含设计中使用的所有时序库（例如，慢库或快库）。

· 定义单元延迟（数据和时钟）和线延迟（数据和时钟）。

· 为所有设计功能（例如，功能建立时间和功能保持时间）和测试功能（例如，扫描捕获和扫描移位）分别定义设计约束。

· 为每个约束模式和延迟工艺角定义分析视图。

· 为所有设计功能定义建立时间和保持时间检查。

以下为 MMMC 的定义示范：

【125℃下最差 RC 工艺角】

```
create_rc_corner -name rc_max -T 125
-qx_tech_file /common/tools/external/qrc/worst/techfiles
```

```
-preRoute_res 1.00
-preRoute_cap 1.00
-POSTRoute_res 1.00
-POSTRoute_cap 1.00
-POSTRoute_clkres 1.00
-POSTRoute_clkcap 1.00
-POSTRoute_excap 1.00
```

【-40℃下最佳 RC 工艺角】

```
create_rc_corner -name rc_max -T -40
-qx_tech_file /common/tools/external/qrc/best/techfiles
-preRoute_res 1.00
-preRoute_cap 1.00
-POSTRoute_res 1.00
-POSTRoute_cap 1.00
-POSTRoute_clkres 1.00
-POSTRoute_clkcap 1.00
-POSTRoute_excap 1.00
```

正常连线和时钟连线的布线比例因子均默认为 1.0。当设置成 1.0 时，与实际寄生提取无偏差。因此，强烈建议采用默认值。

一旦寄生提取模式被定义，在设计过程中使用的时序库就需要定义。所有快模型（PMOS/NMOS）晶体管和慢模型（PMOS/NMOS）晶体管在设计中使用的时序库，比如标准单元、存储器、IP 块等都需要被定义。

对于更先进的工艺节点，PMOS 和 NMOS 晶体管的所有变化都必须包括在内。以下 MMMC 定义包括快速（PMOS/NMOS 晶体管）、慢速（PMOS/NMOS 晶体管）、最差（C_{max}/R_{max}）和最佳（C_{min}/R_{min}）。

·定义慢/慢（ss）晶体管和快/快（ff）晶体管的时序库设置：

```
create_library_set -name SS_LIBS -timing [list/common/
    libraries/node20/stdcells_ss.lib/project/moonwalk/
    implementation/physical/mem/mem_ss.lib/common/IP/G/PLL/
    pll_ss.lib]
create_library_set -name FF_LIBS -timing [list/common/
    libraries/node20/stdcells_ff.lib/project/moonwalk/
    implementation/physical/mem/mem_ff.lib/common/IP/G/PLL/
    IP_ff.lib]
```

·针对所有的单元延迟和线延迟，为慢速晶体管和快速晶体管以及它们的 RC 工艺角定义延迟工艺角，同时定义其对应的 OCV（片上变化）降额系数。本例中显示的 OCV 系数会根据不同的工艺节点而发生改变：

```
create_delay_corner -name slow_max -library_set SS_LIBS -rc_
  corner rc_max


set active_corners [all_delay_corners]


if {[lsearch $active_corners slow_max] !=-1 } {
  set_timing_derate -data -cell_delay -early -delay_corner
    slow_max 0.97

  set_timing_derate -clock -cell_delay -early -delay_corner
    slow_max 0.97

  set_timing_derate -data -cell_delay -late -delay_corner
    slow_max 1.03

  set_timing_derate -clock -cell_delay -late -delay_corner
    slow_max 1.03

  set_timing_derate -data -net_delay -early -delay_corner
    slow_max 0.97

  set_timing_derate -clock -net_delay -early -delay_corner
    slow_max 0.97

  set_timing_derate -data -net_delay -late -delay_corner
    slow_max 1.03

  set_timing_derate -clock -net_delay -late -delay_corner
    slow_max 1.03
}


create_delay_corner -name fast_min -library_set FF_LIBS -rc_
  corner rc_min


set active_corners [all_delay_corners]


if {[lsearch $active_corners fast_min] !=-1} {
  set_timing_derate -data -cell_delay -early -delay_corner
    fast_min 0.95

  set_timing_derate -clock -cell_delay -early -delay_corner
    fast_min 0.97
```

```
set_timing_derate -data -cell_delay -late -delay_corner
    fast_min 1.05

set_timing_derate -clock -cell_delay -late -delay_corner
    fast_min 1.05

set_timing_derate -data -net_delay -early -delay_corner
    fast_min 0.97

set_timing_derate -clock -net_delay -early -delay_corner
    fast_min 0.97

set_timing_derate -data -net_delay -late -delay_corner
    fast_min 1.05

set_timing_derate -clock -net_delay -late -delay_corner
    fast_min 1.05
}
```

· 为每个功能模式定义约束：

```
create_constraint_mode -name setup_func_mode -sdc_files [list/
    Project/Implementation/Synthesis/sdc/functional.sdc]

create_constraint_mode -name hold_func_mode -sdc_files [list/
    Project/Implementation/Synthesis/sdc/functional.sdc]

create_constraint_mode -name hold_scans_mode -sdc_files [list/
    Project/Implementation/Synthesis/sdc/scan_shift.sdc]

create_constraint_mode -name hold_scanc_mode -sdc_files [list/
    Project/Implementation/Synthesis/sdc/scan_capture.sdc]
```

· 定义所有的功能模式（功能建立时间检查、功能保持时间检查、扫描捕获保持时间检查、扫描移位保持时间检查）：

```
If { [lsearch [all_analysis_views] setup_func ] == -1 } {
    create_analysis_view -name setup_func -constraint_mode
        setup_func_mode -dealy_ corner slow_max
}


If { [lsearch [all_analysis_views] hold_func ] == -1 } {
    create_analysis_view -name hold_func -constraint_mode
        hold_func_mode -dealy_ corner fast_min
}


If { [lsearch [all_analysis_views] hold_scanc ] == -1 } {
    create_analysis_view -name hold_scanc -constraint_mode
        hold_scanc_mode -dealy_ corner fast_min
```

```
}

If { [lsearch [all_analysis_views] hold_scans ] == -1 } {
  create_analysis_view -name hold_scans -constraint_mode
    hold_scans_mode -dealy_ corner fast_min
}
```

最终的 MMMC 视图定义是一组需要在设计实现流程的各个阶段激活的视图。MMMC 分析视图可以设置如下：

```
set_analysis_view -setup [list setup_func setup_mbist]
  -hold [list hold_func hold_scanc hold_scans]
```

对于先进的工艺节点，用于建立时间检查和保持时间检查的列表可能包含更多的功能模式和工艺角。重要的是，建立时间检查和保持时间检查的列表的条目都是有优先级的。这意味着一旦 MMMC 分析视图被激活，软件在列表中的第一个条目上工作，同时进行建立时间检查和保持时间检查。一旦完成了第一个条目的检查，MMMC 分析就转移到第二个条目，但不破坏第一个条目的时序检查结果。

在接下来的章节中，我们将讨论在特定的设计阶段，使用哪一种 MMMC，这将确保 ECO 数量的减少和设计实现周期的缩短。

2.3 MMMC ASIC设计实现流程

如前所述，一旦工艺节点降低到较低的几何尺寸（例如，65nm 和 45nm），电源电压降低到 1.0V 以下，单元的器件延迟将产生温度反转效应。

在普通的几何尺寸（例如，130nm 及更高），由于较高的工作电压（例如，超过 1.0V），温度反转效应对器件的延迟影响很小或没有影响，然而，在较低工作电压和各种晶体管阈值电压下温度反转效应开始增加延迟，这将直接导致时序签收和优化阶段工艺角数量增加。工艺角的数量迅速从 2 个提升到了 4 个或者 5 个，对于那些坚持传统方式，根据工作条件来分析和设计时序的工程师来说，相当于工作内容翻了一倍。

另外，随着布线间距的减小和耦合电容的增加，信号之间的串扰效应越来越明显。

金属层的工艺变化对设计的时序会产生不可忽视的影响。

金属线的宽度变得足够小，只需少量变化就可以影响连线的电阻。

考虑到金属化是一个从基材层的加工开始的独立过程，工程师不能假定基材层和互连层的工艺变化方向相同。

因此，对于 45nm 和 20nm 及以下的工艺节点，针对时序和优化来说，现在需要提取的工艺角成倍增加。在物理设计和时序分析中，这些需要提取的工艺角包括最差电容 / 最佳电阻、最佳电容 / 最差电阻，典型电容 / 电阻。

对于较大的工艺节点，在 ASIC 设计综合时，采用慢速 PMOS 和慢速 PMOS 晶体管是可接受的（即只有两个工艺角）。然而，对于较小的工艺节点，在综合、物理设计和时序分析中需要考虑晶体管的所有变化（即所有四个工艺角）。

图 2.2 显示了给定工艺条件下，实际 Spice 模型数据与 WAT（晶圆验收测试）数据之间的关系，该结果通过 PCM（过程控制监视器）获得。

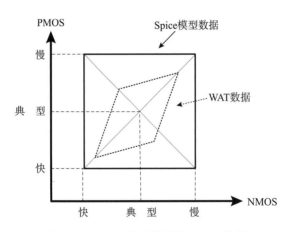

图 2.2　Spice 模型数据与 WAT 数据

另一种可能发生的现象就是工艺漂移，特别是在小工艺节点硅片加工过程中，这不应该与过程变化相混淆。

工艺漂移的主要问题是良率的损失。在 ASIC 设计实现过程中工艺漂移造成的损失没有补救办法。芯片制造商必须提取漂移量及其对工艺节点的影响，并在该工艺节点对应的晶体管模型中体现这些影响。图 2.3 是一个工艺漂移的例子。

在某个功能模式下可以彻底解决关键路径违例的问题，但是并不能保证时序违例在其他功能模式下不出现。MMMC 通过同时分析和优化不同功能模式下的时序可以解决时序设计的难题。

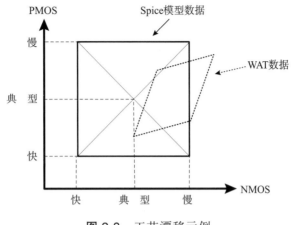

图 2.3 工艺漂移示例

MMMC 流程与功能模式定义相结合用于：

· 综合。

· 物理设计。

· STA。

综合和物理设计流程是最受益于使用 MMMC 流程的，特别是多种工作模式和多个工艺角的情况。通过同时优化各个不同的工作模式的时序，可以大大缩短 ASIC 设计的实现周期。

在综合过程中，会用到多工作模式（包括 PMOS 和 NMOS 的快慢类型），但没有用到多工艺角。然而，在物理设计和 STA 阶段，多模式和多工艺角都用于满足时序约束（建立时间和保持时间）。

以下是综合过程中的多工作模式步骤：

· 读入目标库。

· 读入原始 RTL 设计文件。

· 建立基于 GTECH 的结构级描述。

· 读入 MMMC 定义的文件。

· 验证约束文件。

· 对设计进行综合。

·进行时序分析（仅仅检查建立时间违例）。

·分析时序结果（如果时序不满足，则更改约束条件或者 RTL）。

·输出预布局网表（前提是满足时序约束）。

图 2.4 描述了整个 MMMC 的设计流程。

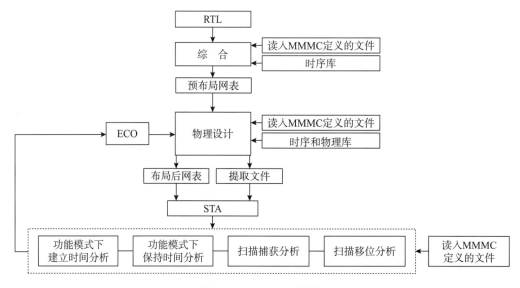

图 2.4 MMMC 流程

从第 4 章开始，将讨论如何在物理设计过程中调用 MMMC（布局设计、放置标准单元、时钟树综合、详细布线），从而满足多工作模式和多工艺角的时序设计。

2.4 总 结

本章介绍了在先进的 ASIC 设计实现流程中使用 MMMC 进行时序分析。解释了相对于典型的 ASIC 设计实现流程，在低于 40nm 及以下的工艺节点采用 MMMC 的重要性和必要性。

本章还描述了通过 MMMC 的使用，以及如何通过 ECO 的使用来减少设计的实施周期，还提供了如何在设计的不同设计阶段（综合、物理设计、STA）使用 MMMC。

参考文献

[1] K Golshan.Physical Design Essentials, an ASIC Design Implementation Perspective.New York,:Springer Business Media,2007.

[2] Cadence Design System Inc.,Setting Constraints and Performing Timing Analysis Using Encounter RTL Compiler.April 2015.

[3] Cadence Design System Inc.,Rapid Adoption Kit,MMMC Sign of ECO Using STA & EDI System.June 2013.

第3章 时序分析

建筑是人的想象超越了材料、方法和人力，使人拥有了自己的土地。

谦虚点说，建筑至少是勾勒万物、生命、人类和社会的几何图案。

夸张点说，建筑就是我们使用流淌的文字才能偶尔触及的真实世界的神奇结构。

Frank Lloyd Wright

设计约束是在综合过程中（RTL 到 netlist）、物理设计过程中、时序验证过程中应用的 ASIC 设计规范。每个 EDA 工具都试图在不同的设计阶段去满足这些设计约束。这些设计约束可分为：

· 时序约束。

· 优化约束。

· 设计规则约束。

ASIC 设计人员采用行业标准格式的 Synopsys 公司的设计约束文件（SDC）来定义时序约束、优化约束和设计规则约束。这些约束对于实现 ASIC 设计在面积、时序和功耗方面的目标至关重要。

这些设计约束的目的是确保设计具有功能性并且制造后在各种 PVT 条件下都能正常工作。

3.1 时序约束

ASIC 设计人员为综合、物理设计和 STA 验证建立时序检查的约束文件。这是一系列应用于给定路径或连线的时序约束，用以保证设计的预期性能。主要的时序约束定义如下：

· 时钟的定义（周期、频率）。

· 生成时钟。

· 虚拟时钟。

· 时钟偏差和设计余量。

· 多周期时序路径。

· 恒值或无效信号设置。

· 错误路径。

· 输入和输出接口延迟定义。

· 最小和最大路径延迟。

· 时序弧无效。

SDC 格式基于 Tcl 格式，所有命令都遵循 Tcl 语法。

对于时序约束，与时序规范相关的命令如下：

· 时钟定义：create_clock。

· 生成时钟：create_generated_clock。

· 虚拟时钟：create_clock。

· 时钟转换时间：set_clock_transition。

· 时钟裕量：set_clock_uncertainty。

· 时钟网络延迟：set_clock_latency。

· 传播时钟：set_propagated_clock。

· 时序弧无效：set_disable_timing。

· 错误路径：set_false_path。

· 输入和输出接口延迟定义：set_input_delay 和 set_output_delay。

· 最小和最大路径延迟：set_min_delay 和 set_max_delay。

· 多周期时序路径：set_multicycle_path。

时钟需要定义它们的源（端口、引脚、线或虚拟）和相关特性（周期、占空比、时钟偏差、时钟上升和下降转换时间等）。

下面是一个从锁相环输出端口定义的时钟的示例（PPLO 为 PLL 的输出端口）：

```
// 时钟 A 10ns，占空比为 50%
create_clock -period 10 -name CLKA -waveform {0 5} [get_ports
   PLLO]
```

通常，在 ASIC 设计中，有一个或多个内部生成的时钟，比如时钟分频器。在这种情况下，一个时钟（CLKA）是外部的（芯片输入或锁相环的输出），另一个时钟（CLKB）在芯片内部产生。

如图 3.1 所示，INST1 向 INST2 提供内部时钟 CLKB。

假设时钟 CLKA 是从 PLL 的 PLLO 端口创建的，周期为 10ns，具有 50% 占空比，则时钟 CLKB 被认为是在 INST1 的 Q 端口生成时钟。生成时钟的命令如下：

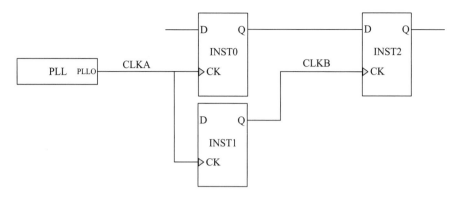

图 3.1　内部生成时钟示例

```
//CLKA 20ns, 占空比为 50%
create_generated_clock -divide_by 2 -source CLKA -name CLKB
  -waveform {3 13} [get_pins INST1/Q]
```

主时钟（CLKA）和生成时钟（CLKB）对应的波形如图 3.2 所示。

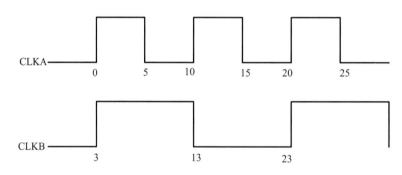

图 3.2　CLKA 和 CLKB 之间的波形描述

　　另一个时钟定义是虚拟时钟。虚拟时钟可以定义为一个时钟但没有任何来源。换句话说，虚拟时钟是一个已定义的时钟，但未与任何引脚和端口关联。虚拟时钟在 ASIC 设计中并不真实存在。一般来说，虚拟时钟主要用来对 ASIC 的输入和输出接口进行约束。

　　虚拟时钟可以通过 create_clock 命令定义，且不需要给出源头，因为在设计中没有实际的时钟源头与其对应。

　　用虚拟时钟约束输入和输出延迟时，不存在用于发射和捕获的寄存器。发射寄存器表示设置输入端口的最大外部延迟用于建立时间检查。捕获寄存器表示设置输出端口的最小延迟用于保持时间的检查。

　　时钟树综合之后，输入和输出延迟相对于虚拟时钟是有效的。图 3.3 说明了虚拟时钟的概念。

图 3.3 虚拟时钟的概念

创建一个虚拟时钟的命令如下：

```
// 具有 10ps 周期和 50% 占空比的虚拟时钟
create_clock -name VIRTUAL_CLK -period 10 -waveform {0 5}
// 设置输入最大延迟 4ns
set_input_delay -clock VIRTUAL_CLK -max 4 [get_ports Input_Port]
// 设置输出最小延迟 2ns
set_output_delay -clock VIRTUAL_CLK -min 2 [get_ports Output_
    Port]
```

3.2 优化约束

优化约束用于优化综合和物理设计期间的速度、面积及功耗。

系统时钟及其延迟和最大面积，都是 ASIC 设计中重要的时序约束指标。通常由片外提供系统时钟，也可以在内部为给定的 ASIC 设计生成系统时钟。特别是在同步 ASIC 设计中，所有的延迟，如输入和输出延迟通常都取决于系统时钟。

重要的是要考虑 ASIC 设计的速度与面积之间的关系，同时设置这些设计优化约束。这些约束是通过代价函数的方法来应用。这些代价函数是：

· 最大时延的代价。

· 最小时延的代价。

· 最小功耗的代价。

· 最大面积的代价。

· 最小面积的代价。

图 3.4 显示了面积与运行速度之间的关系，由图可知，运算速度越快，面

积成本越大。需要注意的是，在综合过程中，器件的最大延迟具有最高的优先权。

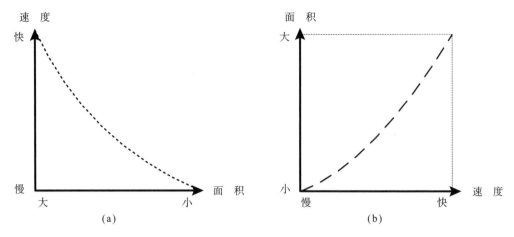

图 3.4 面积与速度之间的关系

将图 3.4（a）和（b）进行叠加，如图 3.5 所示，可以将最大延迟和最大面积的代价函数作为两者之间的平衡。这类似于根据供给和需求来确定产品价格。

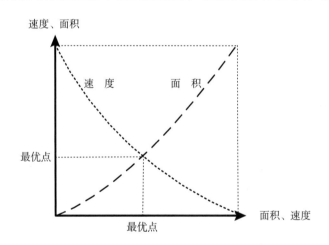

图 3.5 速度与面积的代价函数

速度和面积限制由用户指定。然而，我们不应该尝试用最小面积和最大速度来指定优化约束。这样做会导致综合运行时间非常长，即使得出结果也有可能是不正确的。

综合工具认为时钟网络是理想的（即时钟具有固定延迟和零偏差），并在综合期间使用。物理设计工具使用系统时钟定义来执行所谓的时钟树综合（CTS）并尝试满足时钟网络的延迟约束。

通常，两个触发器（发射触发器和捕获触发器）之间的组合数据路径需要一个时钟周期来传播数据。对于高速 ASIC 设计来说，一个时钟周期是可取的。然而，在某些情况下，它可能需要超过一个时钟周期的时间来传播数据，这就是所谓的多周期路径。

可以通过定义捕获触发器来使用多周期路径约束。所需的捕获边缘时序检查只发生在指定的时钟周期数。如果没有定义多周期路径，建立时间检查将在一个时钟周期后发生，保持时间检查将在捕获触发器的同一边缘发生，这将导致建立时间违例。

应该注意的是，默认情况下，保持时间检查发生在捕获时钟之前，如图 3.6 所示。

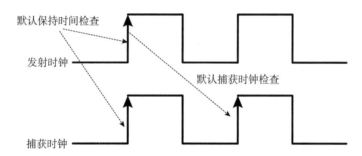

图 3.6 默认的捕获时间（建立时间）和保持时间检查

假设组合数据路径需要三个时钟周期将数据传播到捕获触发器，那么这里就需要定义一个多周期路径，为发射触发器和捕获触发器之间的建立时间和保持时间做时序约束。多周期路径的时序约束如下（图 3.7）：

// 从启动的设置检查到捕获时钟的多周期

```
Set_multicycle_path -setup 3 -from [get_pins launching_flop/
  output] -to [get_pins capturing_flop/input]
```

// 从等待检查启动到捕获时钟的多周期

```
Set_multicycle_path -hold 2 -from [get_pins launching_flop/
  output] -to [get_pins capturing_flop/input]
```

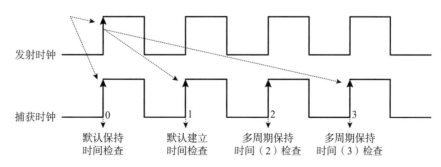

图 3.7 多周期对应的建立时间和保持时间检查

3.3 设计规则约束

设计规则约束用于在 ASIC 的物理设计和分析中设置环境，最基本的设计规则约束如下：

- set_driving_cell。
- set_input_transition。
- set_load。
- set_max_fanout。
- set_case_analysis。

如果 ASIC 设计中存在多电压域的情况，则它们对应的设计规则约束如下：

- create_voltage_area。
- set_level_shifter_strategy。
- set_level_shifter_threshold。
- set_max_dynamic_power。
- set_max_leakage_power。

输入和输出延迟用于约束 ASIC 设计的边界与外部路径的时序路径。这些约束规定了来自外部输入端口到第一个捕获寄存器和最后一个发射寄存器到输出端口的时序。

最小和最大路径延迟为物理设计工具针对点对点的优化提供了更大的灵活性。这意味着如果两个指定的点之间存在时序路径，则可以从 ASIC 设计中的一个特定点（即引脚或端口）到另一个点之间指定时序约束。

输入转换时间和输出电容负载用于约束 ASIC 器件的输入和输出引脚，这些约束对最终的 ASIC 时序有直接影响。

在物理设计期间，这些约束的值被设置为零，以确保实际的 ASIC 设计时序计算独立于外部条件，并确保寄存器到寄存器的时序是满足的。一旦达到这一点，这些外部条件就可以应用到设计中从而对输入和输出的接口时序进行优化。

错误路径（假路径）用于指定点到点之间的非关键时序。正确识别这些非关键时序路径对物理设计工具的性能有相当大的影响。

设计规则约束是根据指定的需求强加于 ASIC 设计中的约束，每一个标准单元或者物理设计工具都必须遵守。

设计规则约束优先级高于时序约束，因为它们必须完全满足，才能实现 ASIC 的功能性需求。设计规则约束主要有以下四种类型：

（1）最大扇出：一个标准单元所能驱动的标准单元的最大数量。在 ASIC 设计的物理综合阶段，可以利用此约束控制一个标准单元最多可以连接的标准单元数量。

（2）最大转换时间：标准单元库所允许的最大输入转换时间，该约束可以应用到设计中的任意一根线或者整个设计。

（3）最大负载电容：一个标准单元所能驱动的最大负载电容。最大负载电容约束完全独立于最大转换时间约束，二者可以结合使用。

（4）最大互连线长度：控制导线的长度，从而减少两根相同类型的长线平行的可能性。平行的相同类型的长线可能会对噪声注入产生负面影响，并且可能引起串扰。

这些设计规则约束主要通过在物理设计的各个阶段适当插入缓冲器来实现。因此，必须在布局和布线中控制缓冲器，以尽量减少对面积的影响。

3.4　总　结

本章概述了在 ASIC 设计实现中使用的设计约束。这些约束按其在综合、物理设计和 STA 期间的功能进行了分类。

这些约束的类型包括时序、优化和设计规则。

时序约束包括时钟定义，如系统时钟、内部生成时钟、虚拟时钟、多周期路径和错误路径（假路径）。

优化约束包括综合和物理设计过程中的速度、面积和功耗。

设计规则约束是根据指定的需求强加于 ASIC 设计的每个标准单元库或物理设计工具中。

此外，本章讨论了精确的 ASIC 设计实现及其重要性，并讨论了对最终（制造）产品的影响。

参考文献

［ 1 ］ P Kurup, T Abbasi.Logic Synthesis Using Synopsys.Dordrecht:Kluwer Academic Publishers,1995.

［ 2 ］ K Golshan.Physical Design Essentials, an ASIC Design Implementation Perspective.New York:Springer Business Media,2007.

第4章 布局和时序

设计师有责任创造永恒的设计。

永恒意味着你必须考虑到未来，不是明年，也不是接下来这两年，而至少是二十年。

Philippe Starck

布局是物理设计中的一门艺术。一个经过深思熟虑的 ASIC 设计布局，可以让我们获得一个更高性能和最小面积的 ASIC 设计。

布局规划非常具有挑战性，因为它涉及 IO 的放置、宏单元的放置以及电源和地线的结构。

在进行实际布局之前，需要确保物理设计中使用的数据准备得当。适当的数据准备对于正确构建 ASIC 的物理设计是必不可少的。这一点在处理 MMMC 设计时显得尤为重要。

整个物理设计阶段可以看作在不同设计步骤中不同的设计形式的转换。在每个设计步骤中，会创建和分析 ASIC 设计中的新设计形式。这些物理设计步骤通过迭代的方式工作，以改进和满足系统的需求。例如，放置或布线步骤是迭代改进以满足设计的时序要求。

物理设计师通常面临的另一个挑战是在最终 ASIC 设计阶段（STA 阶段或者逻辑/物理的验证阶段），发现时序分析违例或设计规则违例。如果检测到此类违规行为，则需要重复设计步骤来纠正这些违例。这些违例的修复对 ASIC 设计周期产生直接的影响，因为它可能需要重复整个物理设计步骤以满足时序规范或验证。

大多数时候，这些时序违例的修复是非常耗时的。因此，物理设计师的目标之一就是减少每个设计步骤的时序和验证过程中的迭代次数。

任何物理设计的第一步都是使用高质量和准备充分的材料数据，如库（逻辑和物理）、技术文件（如 LEF）、设计约束，以及传入的预布局网表（时序）和执行脚本。MMMC 风格的处理对更先进的工艺节点（例如，40nm 及以下工艺）时变得更加重要。因此，在布局阶段必须进行检查和平衡处理，因为这是物理设计的最早步骤之一。

假设对于给定的工艺节点，所有逻辑库和物理库都已通过 QC 流程检查，布局的第一步是修改物理设计工具的配置、总体设置和布局脚本以反映项目需求。示例脚本显示在本章的布局脚本部分。

4.1 布局风格

任何 ASIC 的有效设计实现都需要适当的风格或规划方法，以加快实现设计周期并达到设计的目标，如面积和性能。设计实现有两种风格可供选择——扁平化和层次化。对于中小型 ASIC 设计，扁平化设计是最适合的；对于非常大的或并行的 ASIC 设计，层次化设计是首选方案。

扁平化设计提供了更好的面积利用率，但与层次化设计相比，在物理设计和时序收敛期间需要付出更多的努力。这个面积优势主要是不需要在每个模块周边预留额外的空间分设电源区域、接地区域，布线区域。时序分析的效率来自于一次性分析设计中所有模块的时序，而不是单独分析每个子模块时序，然后集成。这种方法的缺点是需要大量的数据运行时间和内存空间，并且这个运行时间随着设计规模的增加而迅速增加。

层次化设计主要用于需要大量计算的非常大的或并发的 ASIC 设计。此外，它还可用于子模块的单独设计。然而，层次化设计可能会降低最终的 ASIC 性能。这种性能下降主要是因为关键路径可能位于设计的不同层次中，从而增加了关键路径的长度。因此，使用层次化设计时，需要将关键时序组件分配到同一个分区或生成适当的时序约束，从而使关键时序组件之间彼此接近，最小化 ASIC 内关键路径的长度。

在层次化设计中，可以对 ASIC 设计进行逻辑或物理分区。

逻辑分区发生在 ASIC 设计的早期阶段（即 RTL 编码阶段）。设计根据其逻辑功能及物理约束进行分区，例如与设计中的其他分区或子电路的互连性。在逻辑分区中，每个分区分别单独进行布局和布线，然后作为宏或模块放置在 ASIC 顶层。

物理分区在物理设计阶段进行。一旦整个 ASIC 设计导入物理设计工具中，就可以创建分区。大多数情况下，这些分区是通过垂直或水平切线递归划分矩形区域来形成的。

物理分区用于减少延迟并满足时序和设计的其他要求。最小化延迟受限于电路的复杂性。

最初，这些分区未定义关联的端口、分配给它们的边界、尺寸、面积（即总面积或添加到分区的面积）。为了在芯片级别放置这些分区或块，除了尺寸还必须定义它们的端口位置。

完美的设计往往需要反复迭代。建议一旦 RTL 设计接近完成（例如，完成80%），物理设计师应完成从布局到物理验证、电源的完整物理设计及分析（如泄漏电流）和 STA，以确保整个物理设计和时序流程完整。

创建物理设计数据库之后，第一步是根据设计要求（例如，工艺节点、库等），修改物理设计 Tcl 脚本中的默认值（如第 1 章所述）。

在导入 Verilog 预布局（综合）网表之前，有几个需要修改的 Tcl 脚本：

（1）配置脚本（moonwalk_config.tcl）。配置脚本与物理设计工具相关，包含控制日志文件、格式化时序报告文件、定制设计流程（如统计不同阈值电压的标准单元使用情况、自动收集设计中所有短路连线并修复）。另外，如果有工程师开发了在物理设计过程中有用的程序或者流程，可以将其添加到工具的主配置文件中，方便以后的项目使用。

（2）设计设置脚本（moonwalk_setting.tcl）。设计设置脚本是针对特定设计的配置文件，适用于物理设计的所有阶段，需要根据设计及相关的标准单元库进行修改。一般来说，这些设计设置确定了哪些标准单元不应该被使用（例如，驱动能力非常低的标准单元），哪些关键网络应该被缓冲器处理（例如，需要手工连线的网络等）。

（3）MMMC 定义脚本（moonwalk_view_def.tcl）。MMMC 定义脚本用于在物理设计的不同阶段并发进行时序分析。在布局阶段，用于检查设计中的所有模式和工艺角的时序情况；在放置阶段，用于建立时间分析；在时钟树综合阶段，用于建立时间和保持时间时序分析；在设计的最终布线阶段，对所有工作模式和工艺角进行时序分析。有关这个脚本的细节请参考第 2 章的讨论。

（4）电源和地脚本（moonwalk_png.tcl）。电源和地脚本主要用于物理设计阶段的布局规划。该脚本在构建电源和地线的框架后，提供所有标准单元的电源和地的连接。对于 90nm 及以上的工艺节点，标准做法是将电源线和地线相邻。然而，对于更先进的工艺节点，这种类型的放置将使电源和地线更加容易短路。这是由于更先进的工艺节点，拥有更小的金属层间距，硅加工过程中存在的颗粒污染更容易导致电源和地之间的短路。为了避免这种情况，我们需要交替放置电源线和地线。

（5）电源管理（moonwalk_cpf.tcl）。Moonwalk 项目的布局图 Tcl 脚本包括电源管理部分，即电源管理关键字在设计环境文件中设置为 true，如第 1 章所述。

（6）布局规划（moonwalk_flp.tcl）。在开始布局规划之前，需要激活所有功能的 MMMC 模式，用于建立时间的检查。在这个阶段，因为所有的时钟都是理想的，所以不需要检查保持时间。对于建立时间检查，考虑到综合工具和物理设计工具之间时序的差异，设计必须满足要求的时序（完全满足或者时序违例非常小）。如果观察到较大的建立时间违例（例如，大于 70ps），则需要先对这些大的时序违例进行分析。较大的建立时间违例可能有几个来源：

·设计约束问题。例如，缺少假路径、多周期路径或者不切实际的外部输入/输出延迟。

·使用单工作模式而不是多工作模式综合。在这种情况下，可以在物理设计中执行 netlist-to-netlist 优化设计工具选项，以便使用 MMMC 优化传入网表。当然，这取决于支持这种选项的设计工具。否则，在综合过程中需要使用MMMC 的方法。

一旦没有发现重大的时序违例，就可以进行布局规划。第一步是构建电源和地线的环状结构。其次，放置硬核，如存储器和锁相环。在这个阶段，先不要去构建详细的电源和地线的网格，相反，先进行一个粗略放置标准单元的操作。粗略放置标准单元后，可以通过高亮显示来查看哪些模块聚集在一起。如果模块没有聚集在一起，则说明硬核的放置位置不合理。相互关联的硬核需要放置在一起，从而改善时序并最小化布线的长度。

如果一些模块紧密聚集在一起（即区域内标准单元的拥塞度很高），可以使用工具提供的面积利用率选项来减少这种堵塞。该区域的高度拥堵会使该区域无法布线并对时序产生不利影响。

布局图的细化是一个迭代过程，直到达到最优布局。

图 4.1 展示了快速放置后的精致布局图。

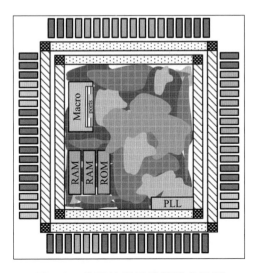

图 4.1　快速放置后的精致布局图

通常，根据网表的连接来检查物理库是否正常，例如，未连接的端口、不匹配的端口、标准单元错误或库和技术文件中的错误。物理设计工具生成的日志包含所有错误和警告的文件。通过检查日志文件并确保所有报告中的错误和警告都已解决，然后才能进行下一阶段的设计工作。

随着工艺节点的提升，可以获得更小的工艺几何形状（例如，20nm及以下），这对提升芯片速度和增加芯片的规模非常有益。

由于更小功耗的应用场景会限制许多应用，所以当今ASIC设计的一个重要方面是管理电源并降低芯片的功耗。

下面是各种降低功耗的技巧：

（1）动态电压和频率调整（DVFS）。DVFS采用频率驱动电压调节器（FDVR）。随着系统时钟频率的增加，提供稳定供电装置的电压也随之增加。当系统时钟的频率降低时，输出的电压也随之降低，从而降低了芯片的动态功耗。

（2）使用多阈值（VT）电压的标准单元。在物理设计优化过程中，可以通过使用多阈值电压的标准单元来实现对功耗和时序的优化。使用低阈值电压的标准单元会增加泄漏电流，因此应尽量减少使用，这在使用超低功耗的先进工艺节点上尤为重要，可能会对最终的ASIC性能产生不利影响。使用高阈值电压的标准单元会减少泄漏电流，由于其阈值电压非常接近电源电压，因此它的温度反转效应比较明显。另一方面，低阈值电压的标准单元阈值远低于电源电压，受温度反转效应的影响较小。因此，在不同阈值电压的标准单元的使用之间达到平衡，对于确保ASIC按设计需求运行至关重要。

（3）多电源系统和电平转换器（低电平和高电平）插入。采用多电源域系统是保障动态功耗和静态功耗都达标的一种重要的设计方式。不同的功能域在不同的电源电压下运行，这样就可以通过降低设计中标准单元和存储元件的供电电压来节省功耗。根据设计的关键路径定义不同的电源域，在这种布局风格下，增加电平转换器用于将低电压域信号转换为高电压域信号，反之亦然。在网表级别，设计代码以通用电源格式（common power format，CPF）或（universal power format，UPF）编写，在此基础上可以开发针对不同设计的电源结构。下面是一个在CPF中插入电平转换器的例子：

```
### 高电平到低电平转换器 ###
define_level_shifter_cell -cells LVS-H2L*
```

```
-input_voltage_range 0.9:1.0:1.1
-output_voltage_range 0.8:1.0:0.1
-direction down
-output_power_pin VDD
-ground VSS
-valid_location to

### 低电平到高电平转换器 ###
define_level_shifter_cell -cells LVS-L2H*
-input_voltage_range 0.8:1.0:0.1
-output_voltage_range 0.9:1.0:1.1
-input_power_pin VDD-IOW
-output_power_pin VDD
-direction up
-ground VSS
-valid_location to
```

从布局规划的角度来看，有一些特殊的放置指南用于在设计中跨不同电源域时插入电平转换器。电平转换器应放置在设计的目标域中。插入电平转换器的缺点是它占用了设计面积，但有助于节省功耗。

图4.2显示了高电平到低电平转换器，图4.3显示了低电平到高电平转换器。

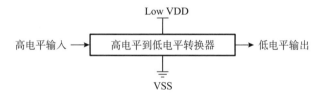

图 4.2 高电平到低电平转换器

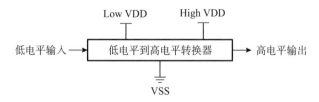

图 4.3 低电平到高电平转换器

从时序的角度来看，这些电平转换器对时序的影响非常小（它们类似于缓冲器）。然而，需要注意的是，对于高电平到低电平转换器，输入的电压摆幅信号不一定足够强大到将输入晶体管完全打开。这个长期的上涨或下跌时间是不可接受的，因为它会导致更大的开关电流并减少噪声裕量。

（4）电源门控技术（关闭设计的一部分）。电源门控技术是最有效的降低静态功耗和动态功耗的技术。在这种技术中，设计师将通过断开电源的方式关闭设计的一部分。电源门控技术有两种类型：一种是精细（fine-grain）控制，通过增加关闭电源的晶体管来关闭域内的每一个标准单元，这可能会产生难以解决的集群间电压变化带来的时序问题；另一种是粗略（coarse-grain）控制，实现了网格风格并通过虚拟供电网络驱动标准单元，这种方法对工艺制程变化不太敏感，引入的泄漏电流内容也较少。在粗略控制门控中，功率门控晶体管是电源网络的一个组成部分，而不是标准单元。

在电源门控技术中，将功能块置于关闭模式时，功能模块不工作，在需要时打开，使用两种类型的电源开关进行操作：一种是使用 PMOS 晶体管作为断电单元对电源（VDD）进行控制，被称为 header cell；另一种是使用 NMOS 晶体管作为接地单元对地线（VSS）进行控制，被称为 footer cell。

进行电源门控时，因为使用 header cell 比使用 footer cell 更有效，因此我们主要讨论 header cell。

header cell 包含两种尺寸的 PMOS 晶体管，它们的栅长不同，一种小的，一种大的。在大型 PMOS 晶体管打开之前，先使用一个小型 PMOS 晶体管提供的功率。这样做是为了防止在上电过程出现大量的浪涌电流从而损害标准单元。

图 4.4 显示了 header cell 电路。在本例中，header cell 有一个具有输入（IN1）和反向输出（OUT1）的小型 PMOS 晶体管，还有一个采用输入（IN2）和反向输出（OUT2）的大型 PMOS 晶体管。

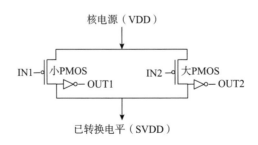

图 4.4　header cell 示例

从物理设计的角度来看，header cell 被放置在一起时，它们相互作用，形成两条链：一条是小型 PMOS 晶体管链，另一条是大型 PMOS 晶体管链。链中小型 PMOS 晶体管比大型 PMOS 晶体管更早打开。

header cell 单元用于在电源域上建立一个闭环。

CPF 或 UPF 用于定义 header cell、隔离单元和不断电域、电源关闭域。

电源关闭域的 CPF 示例如示例 4.1 所示。

示例 4.1

```
set_cpf_version 1.0


#### 隔离单元 ###
define_isolation_cell -cells ISO_AND -power VDD -ground VSS
  -enable ISO -valid_location to


### 隔离规则 ###
create_isolation_rule -name ISORULE -from PWRDOWN -isolation_
  condition "!PWRDOWN/isolation_enable" -isolation_output high
update_isolation_rules -names ISORULE -location to -cells
  ISO_AND


### 电源开关 (header) ###
define_power_switch_cell -cells {HEADER} -power_switchable
  SVDD -power VDD -stage_1_enable !IPWRON1 -stage_1_output
  IPWRON2 -stage_2_enable !PWRON2 -stage_2_output I
  ACKNOWLEDGE -type header


### 不断电域 (AO) ###
create_power_domain -name AO -default
create_power_nets -nets VDD -voltage 0.8
create_ground_nets -nets VSS
update_power_domain -name AO -internal_power_net VDD
create_global_connection -domain AO -net VDD -pins VDD
create_global_connection -domain AO -net VSS -pins VSS


### 断电域 (PWRDOWN) Domain ###
create_power_domain -name core -instances PWRDWN -shutoff_
  condition {PWRON1/pwron_enable}
create_power_nets -nets SVDD -internal -voltage 0.8
create_ground_nets -nets VSS
```

```
update_power_domain -PWRDOWN -internal_power_net SVDD
create_global_connection -domain PWRDOWN -net VSS -pins VSS
create_global_connection -domain PWRDOWN -net VDD_SW -pins SVDD
create_power_switch_rule -name PWRSW -domain PWRDOWN
  -external_power_net VDD
update_power_switch_rule -name PWRSW -cells HEADER -prefix
  PWR_SW_ -acknowledge_receiver ACKNOWLEDGE
```

在布局规划期间，一旦断电区域被定义，header cell 环就围绕着该断电区域。图 4.5 显示了 header cell 的结构链。此外，还有两个单元——启动单元（start cell）和结束单元（end cell）。

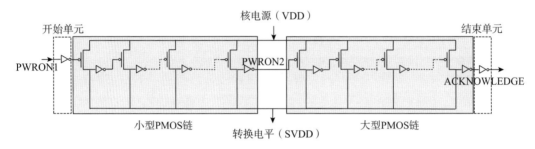

图 4.5 header cell 环结构示意图

对于启动单元，当 PWRON1 处于低电平时，电源处于关机模式。结束单元提供来自最后一个头单元输出的反相信号。

ACKNOWLEDGE 是高电平时，表示电源域处于 ON 状态。

由图 4.5 可知，要想使下电区域处于 ON 状态，PWRON1 输入信号需要从低电平转变为高电平，这将打开小型 PMOS 晶体管链。

一旦所有的小型 PMOS 晶体管都被打开，PWRON2 将逐级触发大型 PMOS 晶体管链。一旦所有大型 PMOS 晶体管都被打开，断电域的电源将通过 VDD（核心电源）连接到 SVDD（开关 VDD），电源将接通。

当电源关闭域处于关机模式时，为了确保该域内的信号（浮动输出）不被传播到正常的电源域，这个时候就需要使用隔离单元（isolation cell）。隔离单元通过 AND 或 NAND 结构，防止任何浮动输出信号传递到正常的电源域。

我们需要考虑穿过 header cell 环的 IR 下降问题。根据 header cell 的布局，通过 Spice 仿真可以得到其电阻。一旦 header cell 的接通电阻被确定，它就可以用来计算 header cell 的数量。header cell 的数量越多，则 IR 下降得越少。

与芯片的输入 / 输出 PAD 环相比，header cell 库包含 header cell、header filler cell（填充）、start cell（开始）、end cell（结束）、 power protection（CLAMP）cell（电源保护）、outer corner cell（外角）、inner corner cell（内角）。图 4.6 展示了一个概念性的布局图，具有多电源和电源门控域风格。

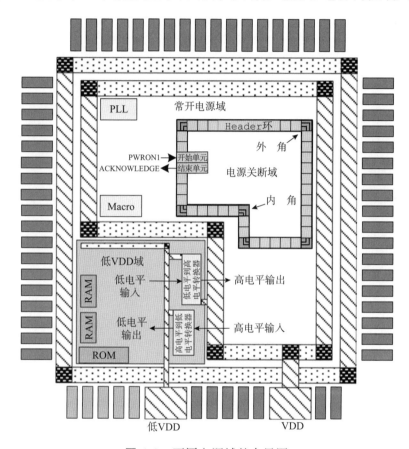

图 4.6 不同电源域的布局图

在布局图中，一旦定义了多电源和电源门控域，就可以手动放置电平转换器，header cell 环也可通过物理设计工具进行构造和放置。请参 moonwalk_flp.tcl 脚本中的布局部分的内容。

4.2 布局脚本

布局布线工具配置脚本如示例 4.2 所示。

示例 4.2

```
etMultiCpuUsage -localCpu 8
```

```
suppressMessage "LEFPARS-2036"

### 管脚不在格点 ###
suppressMessage "ENCLF-82"

### 追加 'USERLIB' 定义 ###
suppressMessage "TECHLIB-459"
set_global report_timing_format {instance cell pin fanout
  load delay arrival required}

### 屏蔽 ECSM 时序模型 ###
#set_global timing_read_library_without_ecsm true
set delaycal_use_default_delay_limit 1000

### Temporary increase ###
setMessageLimit 1000 ENCDB 2078

### Count VT Cells Usage ###
proc multivt_counter {} {
  set count_lvt [sizeof_collection [get_cells[get_cells
    -hierarchical -filter"is_hierarchical == false" ]
    -filter"ref_name=~*LVT* || ref_name=~*lvt*"]]
  set count_svt [sizeof_collection [get_cells[get_cells
    -hierarchical -filter"is_hierarchical == false" ]
    -filter"ref_name=~*SVT* || ref_name=~*svt*"]]
  set count_hvt [sizeof_collection [get_cells[get_cells
    -hierarchical -filter"is_hierarchical == false" ]
    -filter"ref_name=~*HVT* || ref_name=~*hvt*"]]
  set count_all [sizeof_collection [get_cells -hierarchical
    -filter"is_hierarchical == false" ]]
  set count_svt [expr { $count_all - $count_lvt - $count_hvt }]
  set percent_hvt [expr { $count_hvt * 100.00 / $count_all }]
  set percent_lvt [expr { $count_lvt * 100.00 / $count_all }]
  set percent_svt [expr { $count_svt * 100.00 / $count_all }]
  echo" ### Total Cell Count = $count_all ###"
  echo" HVT Cell % = $percent_hvt\\%"
  echo" LVT Cell % = $percent_lvt\\%"
```

```
    echo" SVT Cell % = $percent_svt\\%"
    echo" end"
}


### Remove Clock NETS from None Default Rule list to Relief
  Routing congestions ###
proc remove_ndr_nets {ndr_nets} {
  foreach net $ndr_nets {
    editDelete -net $net
    setAttribute -net $net -non_default_rule default
  }
}


### Delete and Reroute Shorted NETS ###
proc get_nets_from_violations {{skip_pg_net 0} {in_file {}}} {
  set n_list {}
  set fd""
  if {[string length $in_file] > 0} { set fd [open $in_file w] }
  foreach mkr [dbGet top.markers.subType Short -p ] {
    set msg [dbGet $mkr.message]
    if {[regexp {Regular Wire of Net (S+)} $msg junk str1] ||
      [regexp {Regular Via of Net (S+)} $msg junk str1]} {
      if {$skip_pg_net == 0 || ![dbGet [dbGet top.net.name
        $str1 -p].isPwrOrGnd] } {
        lappend n_list $str1
      }
    }
    regsub {Regular Wire of Net} $msg {} next_msg
    if {[regexp {Regular Wire of Net (S+)} $next_msg junk
      str2] || [regexp {Regular Wire of Net (S+)} $next_msg
      junk str2]} {
      if {$skip_pg_net == 0 || ![dbGet [dbGet top.net.name
        $str1 -p].isPwrOrGnd] } {
        lappend n_list $str1
      }
    }
  }
```

```
    set n_list [lsort -unique $n_list]
    if {$fd !=""} {
      puts $fd $n_list
      close $fd
    }
    return $n_list
}
proc reroute_shorts {} {
    get_nets_from_violations -in_file shorts.rpt
    deselectAll
    set NETFILE [open "shorts.rpt" r]
    foreach i [read $NETFILE] { editDelete -nets $i -type Signal}
    close $NETFILE
}
```

设计相关设置脚本如示例 4.3 所示。

示例 4.3

```
setDesignMode -process 20

#set_option liberty_always_use_nldm true
set_interactive_constraint_modes [all_constraint_modes -active]

### 禁用库和标准单元 ###
set_dont_touch [get_cells -hier *spare*] true
set_dont_touch [get_cells -hier *SCAN_dt*] true
set_dont_touch [get_cells -hier SCAN_dt*] true
foreach cell [list {node20_*/*d0p5} {node_20_*/*d0}
{node_20_*/*dly*} ] {setDontUse $cell true }
foreach net [list VDD_MEM XTALI XTALO ] { set_dont_touch [get_
  nets $net] true setAttribute -net $net -skip_routing true }
foreach no_buffer_net [list critical_nets ] { set_dont_touch
  [get_nets $no_buffer_net] true }
```

设计标准单元的电源轨和接地轨、网格和电源地环，如示例 4.4 所示。布局阶段用于创建这些电源线和地线的坐标（例如，X1、Y1、X2 和 Y2）。

示例 4.4

```
### 创建核心电源和接地环 ###

setAddRingMode -avoid_short 0 -extend_over_row 1

addRing -nets {VDD VDD_MEM VSS} -width 10 -offset 5 -spacing 3
  -layer {top M5 left TM2 bottom M5 right TM2} -type core_
  rings -follow io


### 仅 VDD_MEM 区域 ###

addStripe -nets {VDD VDD_MEM VSS} -area {X1 Y1 X2 Y2}
  -direction vertical -layer M4 -width 1.5 -spacing 16.5
  -set_to_set_distance 54 -orthogonal_only 0 -padcore_ring_
  bottom_layer_limit M3 -padcore_ring_top_layer_limit M5
  -block_ring_bottom_layer_limit M3 -block_ring_top_layer_
  limit M5

addStripe -nets {VDD VDD_MEM VSS} -area {X1 Y1 X2 Y2}
  -direction horizontal -layer M5 -width 1.5 -spacing 16.5
  -set_to_set_distance 54 -orthogonal_only 0 -padcore_ring_
  bottom_layer_limit M4 -padcore_ring_top_layer_limit TM2
  -block_ring_bottom_layer_limit M4 -block_ring_top_layer_
  limit TM2


### 仅电源常开域 ###

addStripe -nets {VDD VSS} -area_blockage {X1 Y1 X2 Y2}
  -direction vertical -layer M4 -width 1.5 -spacing 16.5
  -set_to_set_distance 36 -orthogonal_only 0 -padcore_ring_
  bottom_layer_limit M3 -padcore_ring_top_layer_limit M5
  -block_ring_bottom_layer_limit M3 -block_ring_top_layer_
  limit M5

addStripe -nets {VDD VSS} -area_blockage {X1 Y1 X2 Y2}
  -direction vertical -layer TM2 -width 6 -spacing 30 -set_
  to_set_distance 72 -orthogonal_only 0 -padcore_ring_bottom_
  layer_limit M5 -padcore_ring_top_layer_limit TM2 -block_
  ring_bottom_layer_limit M5 -block_ring_top_layer_limit TM2
  -start_x 16.75


### 仅断电区域 ###

addStripe -nets {VSS SVDD} -direction vertical -layer M4
  -width 1.5 -spacing 16.5 -set_to_set_distance 36
  -orthogonal_only 0 -xleft_offset 0 -over_power_domain 1
  -padcore_ring_bottom_layer_limit M3 -padcore_ring_top_
  layer_limit M5 -block_ring_bottom_layer_limit M3 -block_
  ring_top_layer_limit M5
```

```
addStripe -nets {VSS SVDD} -direction horizontal -layer M5
  -width 1.5 -spacing 16.5 -set_to_set_distance 36
  -orthogonal_only 0 -ybottom_offset 12.6 -over_power_domain 1
  -padcore_ring_bottom_layer_limit M4 -padcore_ring_top_
  layer_limit TM2 -block_ring_bottom_layer_limit M4 -block_
  ring_top_layer_limit TM2
```

添加 RDL(Redistribution Layer)

```
addStripe -nets {VDD VSS} -direction horizontal -layer RDL
  -width 6.0 -spacing 12 -set_to_set_distance 36 -orthogonal_
  only 1 -stacked_via_top_layer RDL -stacked_via_bottom_layer
  TM2 -padcore_ring_bottom_layer_limit TM2 -padcore_ring_top_
  layer_limit RDL -block_ring_bottom_layer_limit TM2 -block_
  ring_top_layer_limit RDL
sroute -connect floatingStripe -nets VSS
editSelect -net VSS
editMerge
```

添加标准单元电源轨 / 接地轨

```
sroute -connect {corePin} -layerChangeRange {M1 M4}
  -targetViaLayerRange {M1 M4} -deleteExistingRoutes
  -checkAlignedSecondaryPin 1 -allowJogging 0
  -allowLayerChange 0
```

布局脚本如示例 4.5 所示，在这个脚本中，所有维度（例如，X…和 Y…）都是从布局的物理层面获得的。

示例 4.5

```
### 配置设计环境 ###
source /project/moonwalk/implementation/physical/TCL/
  moonwalk_config.tcl
foreach dir [list ../rpt ../RPT/flp ../RPT/plc ../RPT/cts ../
  RPT/frt ../RPT/scans ../RPT/scanc ../MOONWALK ../logs] {
if { ! [file isdirectory $dir] } {exec mkdir $dir }
}

### 开始设计 ###
set init_layout_view ""
set init_oa_view ""
set init_oa_lib ""
```

```
set init_abstract_view ""

set init_oa_cell ""


set init_gnd_net {VSS VSSO}

set init_pwr_net {VDD VDD_MEM SVDD VDDO }


set init_lef_file "/project/moonwalk/implementation/physical/
  LEF/node20_PWR_ cells.lef /project/moonwalk/implementation/
  physical/LEF/clock_NDR.lef /project/moonwalk/implementatio/
  physical/LEF/node20_stdcells_hvt_pg.lef /project/moonwalk/
  implementatio/physical/LEF/node20_stdcells_svt_pg.lef /
  project/moonwalk/implementatio/physical/LEF/node20_
  stdcells_svt_pg.lef /project/moonwalk/implementation/
  physical/LEF/node20_io_pad_35u.lef /project/moonwalk/
  implementation/physical/LEF/LOGO.lef /project/moonwalk/
  implementation/physical/LEF/PLL.lef /project/moonwalk/
  implementation/physical/LEF/ROM.lef /project/moonwalk/
  implementation/physical/LEF/RAM.lef set init_assign_buffer
  " 1 ""


set init_mmmc_file "/project/moonwalk/implementatio/physical/
  TCL/moonwalk_view_def.tcl"

set init_top_cell moonwalk

set init_verilog /project/moonwalk/implementatio/physical/
  NET/moonwalk_pre_layout.vg


### 导入 Verilog 网表 ###

set_analysis_view -setup [list All Setup Modes ] -hold [list
  All Hold Modes ]

init_design


globalNetConnect VDD -type pgpin -pin VDD -netlistOverride

globalNetConnect VSS -type pgpin -pin VSS -netlistOverride


globalNetConnect VDD -type TIEHIGH

globalNetConnect VSS -type TILOW


### 加载并提交 CPF ###
```

```
loadCPF /project/moonwalk/implementation/physical/CPF/
  moonwalk.cpf
commitCPF -verbose


### 取消注释以保留端口任何特定模块上的优化 ###
#set modules [get_cells -filter "is_hierarchical == true"
  CORE/CLK_GEN*]
#getReport {query_objects -limit 10000} > ../keep_ports.list
#setOptMode -keepPort ../keep_ports.list


### 取消注释网表到网表的优化 ###
#source /project/moonwalk/implementatio/physical/TCL/
  moonwalk_setting.tcl
#set_analysis_view -setup [list All Setup Modes ] -hold [list
  All Hold Modes ]


#runN2NOpt -cwlm -cwlmLib ../wire_load/moonwalk_wlm.flat
  -cwlmSdc ../wire_load/moonwalk_flat.sdc -effort high
  -preserveHierPinsWithSDC -inDir n2n.input -outDir n2n.output
  -saveToDesignName n2n.enc
#freedesign
#source /project/moonwalk/implementation/physical/TCL/
  moonwalk_config.tcl
#source n2n.enc
#source /project/moonwalk/implementatio/physical/TCL/
  moonwalk_setting.tcl
### 结束网表到网表的优化 ###

deleteTieHiLo -cell TILOW
deleteTieHiLo -cell TIHIGH


source /project/moonwalk/implementatio/physical/TCL/moonwalk_
  setting.tcl


saveDesign -tcon ../MOONWALKf/flp_int.enc -compress
timeDesign - setup - flp_int -expandedViews -numPaths 1000
  -outDir ../RPT/flp -prefix INT
```

```
## 设置布局规划边界 ###
floorPlan -siteOnly unit -coreMarginsBy die -d X1 Y1 X2 Y2 X3 Y3


defIn /project/moonwalk/implementation/physical/DEF/
  moonwalk_pad.def


foreach side [list top left bottom right] {
addIoFiller -prefix pd_filler -side $side -cell {pd_rfill10
  pd_rfill1 pd_rfill01 pd_rfill001 pd_rfill0005}
}
### 电源域部分 ###
setObjFPlanBoxList Group PDWN_CORE X1 Y1 X2 Y2 X3 Y3
modifyPowerDomainAttr PDWN_CORE -minGaps 28 28 28 28
modifyPowerDomainAttr PDWN_CORE -rsExts 30 30 30 30
dbSelectObj [dbGet -p2 top.fplan.rows.site.name ao_unit]
deleteSelectedFromFPlan
initCoreRow -powerDomain PDWN_CORE


### 添加电源开关环 ###
addPowerSwitch -ring -powerDomain PDWN_CORE -power
  {(VDD:VDD)(SVDD:SVDD)} -ground {(VSS:VSS)} -enablePinIn
  {PWRON2} -enablePinOut {PWRONACK2 } -enableNetIn {i_
  alwayson/pmu_ctrl_16} -enableNetOut {core_swack_1 }
  -specifySides {1 1 1 1 1 1 1 1 1 1} -sideOffsetList {3 3 3
  3 3 3 3 3 3 3} -globalSwitchCellName {{HEADER S} {HEADER_
  CLAMP D}} -bottomOrientation MY -leftOrientation MX90
  -topOrientation MX -rightOrientation MY90 -cornerCellList
  HEADER_OUTER -cornerOrientationList {MX90 R180 MX90 MX MY
  MX MY90 R0 MY90 MY} -globalFillerCellName {{HEADER_FILLER}}
  -insideCornerCellList HEADER_INNER -instancePrefix SW_CORE_
  -globalPattern {D S S S S S S S S S} -continuePattern


set CORE_SWITCH [addPowerSwitch -ring -powerDomain PDWN_CORE
  -getSwitchInstances]


rechainPowerSwitch -enablePinIn {PWRON2} -enablePinOut
  {PWRONACK2} -enableNetIn {i_alwayson/pmu_ctrl_16}
  -enableNetOut {core_swack_1} -chainByInstances
  -switchInstances $CORE_SWITCH
```

```
rechainPowerSwitch -enablePinIn {PWRON1} -enablePinOut
    {PWRONACK1} -enableNetIn {core_swack_1} -enableNetOut
    {core_switch_ack_out} \ -chainByInstances -switchInstances
    $CORE_SWITCH


### 添加不在网表中的实例 ###
addInst LOGO LOGO
setInstancePlacementStatus -all HardMacros -status fixed


### Creating a Soft Power Region ###
createInstGroup uc -isPhyHier
addInstToInstGroup uc i_alwayson/uc/*
createRegion uc 1940 1830 2780 3115


### For Magnet Instance Placement ###
#place_connected -attractor hard_macro -attractor_pin CLK
    -level 1 -placed


source /project/moonwalk/implementation/physical/TCL/
    moonwalk_png.tcl
defOut -floorplan /project/moonwalk/implementation/physical/
    def/moonwalk_flp.def


### 用于增量设计综合 ###
#defIn /project/moonwalk/implementation/physical/def/
    moonwalk_flp.def


timeDesign -prePlace -expandedViews -numPaths 1000 -outDir ../
    RPT/flp
timeDesign -prePlace -hold -expandedViews -numPaths 1000
    -outDir ../RPT/flp
summaryReport -noHtml -outfile ../RPT/flp/flp_summaryReport.rpt
saveDesign -tcon ../MOONWALK/flp.enc -compress


if { [info exists env(FE_EXIT)] && (FE_EXIT) == 1 } {
exit
}
```

4.3　总　结

本章描述了 ASIC 物理设计的数据准备阶段和布局阶段的各种方案。

在数据准备方面，探讨了时序约束和设计约束，以及它们对 ASIC 物理布局质量的影响。

另外，分析了扁平化和层次化布局风格的优点与缺点。同样，对基本的布局规划技术进行了回顾。

讨论了多电压域或电源门控的构造，同时讨论了电平转换器（从低到高和从高到低）的构造与使用策略。

对于电源门控结构，header cell 用于构造 header cell 环。header cell 环内包括 header cell、header filler cell、start cell、 end cell、outer corner cell、inner corner cell。同时，提供了一个 CPF 格式的例子供参考。

在本章中，给出了如何使用 MMMC 对导入的网表质量进行时序分析和如何对网表进行优化的案例，同时提供了创建物理设计和布局规划脚本的示例。

需要注意的是，布局设计风格取决于许多因素，例如，ASIC 的类型、面积和性能，并且在很大程度上依赖于物理设计工程师的经验。

参考文献

［1］ N Sherwani.Algorithms for VLSI Physical Design Automation, 2nd edn.Dordrecht:Kluwer Academic Publishers,1997.

［2］ K Golshan.Physical Design Essentials, an ASIC Design Implementation Perspective.New York:Springer Business Media,2007.

［3］ D Chinnery, K Keutzer.Closing the Power Gap between ASIC & Custom: Tools and Techniques for Low Power Design.New York:Springer Science + Business Media,2007.

［4］ Cadence Design Systems,Inc.Rapid adoption kits based on a 10nm reference flow for new arm cortex,2016.

第 5 章　放置和时序

　　一座优秀的建筑，里面的物体必须相互交流与沟通，相
互回应并平衡彼此。

Frank Lloyd Wright

标准单元放置的目标是将 ASIC 组件或标准单元映射到 ASIC 核心区（标准单元放置区域）的位置，即 ASIC 核心区的 ROW（行）。标准单元必须放置在指定区域（核心区的 ROW），这样可以在满足总体时序要求的情况下，做到高效的布线。标准单元的放置一直是解决物理设计、面积优化、布线拥塞、时序收敛的关键因素。

今天几乎所有的物理设计工具都使用各种算法来自动放置标准单元。尽管这些放置算法非常复杂并不断改进，但基本思想保持不变。在防止或减少时序违例方面，需要考虑 CTS、最终布线和 STA 等几个关键因素，以减少在物理设计的后期不同阶段可能发生的时序违例。

放置需要两个步骤：

（1）连接性驱动的粗略放置。目标是在设计中将给定模块内的单元聚集在彼此附近（例如，集群）。

（2）时序驱动的精细放置和优化。其目标是满足所有基于 MMMC 定义的功能的建立时间检查。因为时钟在该阶段是理想的，所以不会对保持时间进行优化。

在粗略放置之前（布局阶段或放置阶段），缓冲器和成对的反相器将被移除并替换为新的缓冲器。一般来说，为了节省面积，新的缓冲器将从标准单元库中选择驱动强度最低的缓冲器单元。

这些重新引入的缓冲器会在后续流程引入时序违例，增加这些缓冲器的驱动能力的唯一方法是 ECO 流程。从时序的角度来看，为了避免使用库中最低驱动能力单元（驱动器能力小于 10 的单元），物理设计师分配了一个 "do not use" 属性。在启动 CTS 和最终布线之前，删除此属性非常重要，以便 EDA 工具使用这些单元进行时序违例修正。

5.1 tap和 endcap单元

标准单元设计有两种类型：

（1）带 tap 的标准单元。换句话说，N 阱与电源（VDD）相连，而衬底连接到地（VSS），如图 5.1 所示。

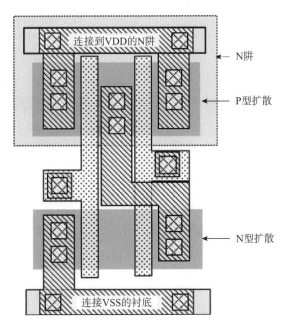

图 5.1 带 tap 的标准单元

（2）无 tap 的标准单元。使用外部 tap 单元将 N 阱和衬底连接到 VDD 和 VSS，如图 5.2 所示。

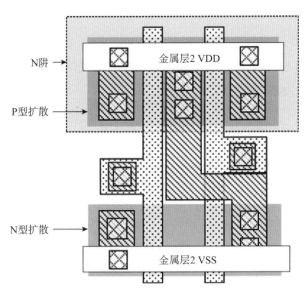

图 5.2 无 tap 的标准单元

外部 tap 单元允许标准单元设计人员减少每一个标准单元的面积，多个标准单元通过共享一个 tap 实现 N 阱和衬底的偏置。

对于较大的工艺节点，将 N 阱和衬底分别与 VDD 和 VSS 绑定在标准单元内部，相对于该工艺节点的设计规则来说，这并不是一个重要的节省面积的方式。例如，与其他设计规则（如金属连线层）相比，接触孔到扩散区间隔的影响很小。

对于先进的工艺节点，设计规则正在缩小，并且由于使用了无 tap 的标准单元设计，因此它的面积更小。客观地讲，在较大的工艺节点中，contact 编程的只读存储器的面积小于 Vai 编程的只读存储器，先进的工艺节点正好与之相反。

需要注意的是，因为标准单元的内部移除了 tap ，其 PMOS 和 NMOS 晶体管的源极和漏极必须连接 VDD 和 VSS，这是因为金属层 1 不能再用来进行这些连接。唯一的选择是在水平方向上使用金属层 2（图 5.2），方向类似于标准单元的供电轨的 VDD 和 VSS，这改变了布线层的方向。

对于带 tap 的标准单元的设计，布线方案是奇数水平金属层和偶数垂直层。然而，对于无 tap 的标准单元的设计，金属层 2 与金属层 1 是相同的水平层，以便将电源 / 地连接到标准单元上。在水平方向上放置金属层 2 有一个优点，那就是可以在没有布线拥塞的情况下，增加其宽度从而改善设计的 IR 下降问题。

使用 tap 单元和 endcap 单元的重要性在于分别增加 N 阱和衬底的电源与接地间的电阻，从而避免"闩锁"问题。

闩锁是由电源与地之间的短路引起的，由寄生 PNP 和 NPN 晶体管之间的相互作用产生。这种相互作用对 CMOS 工艺来说是客观存在的。这种现象产生的大电流会损坏 PMOS 和 NMOS 晶体管。

tap 单元和 endcap 单元的规则非常依赖于工艺节点。一些工艺节点根本不需要它们，因为 tap 单元是内置于标准单元，所以通常用于较大的工艺节点，先进的工艺节点通常使用 tap-less 方式。tap 单元需要根据硅晶圆代工厂的规定均匀放置，endcap 单元放置在每个标准单元行的末端，如图 5.3 所示。

在物理设计验证期间，设计规则检查（DRC）将标记任何有关 tap 单元和 endcap 单元放置的问题。因此，应该在早期运行 DRC。

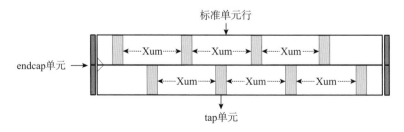

图 5.3 tap 单元和 endcap 单元的放置

对于需要 tap 单元的设计，建议将其放置在矩阵中并按硅晶圆代工厂规定的间距进行放置。图 5.3 显示了 tap（Xum 为距离）和 endcap 单元的位置。

5.2 插入备用标准单元

虽然插入备用标准单元是非强制要求，但它可以提供保障，可以用最小的成本对设计中的 bug 进行修复。

备用标准单元允许稍后对设计做一些小的功能性修正（ECO）。备用标准单元可以从标准单元库或从称为金属可编程的 ECO 库获得。

插入备用标准单元有两种方式：一种被称为 shotgun 方法，在设计区域内随机放置备用单元；另一种方法是从标准单元或金属可编程 ECO 库中创造一个预定义的备用单元组，将它们有序地放置在设计区域，如图 5.4 所示。

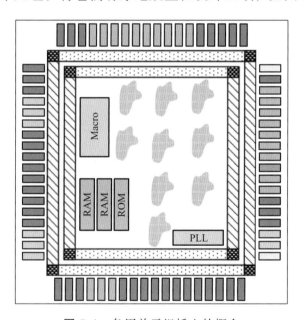

图 5.4 备用单元组插入的概念

应该注意的是，备用单元组可以插入多个电源域中。

5.3 高扇出网络

放置算法（placement algorithm）编写的目的就是修复设计规则约束要求，如最大转换时间、最大负载电容和最大扇出。

最大转换时间可以在标准单元库中定义，也可以根据用户的需求自行定义。最大转换时间用于限制长信号转换时间。长信号转换时间降低了标准单元的噪声裕度，增加了净延迟，并可能导致短路（PMOS 和 NMOS 晶体管同时打开）从而增加静态电流。

最大负载电容和最大扇出主要是由用户自己定义的，用来限制和减少给定网络（时钟网络除外）的栅极输出电容负载，进而驱动许多输入门。

虽然最大转换时间、最大电容负载和最大扇出的违例可以在综合过程中消除，但不建议使用这种方式。相反，它们应该在放置过程中被消除。

在放置阶段，最大转换时间、最大电容负载和最大扇出是通过插入所谓的缓冲器树形结构来修复的。在这个阶段，缓冲器树形结构的插入不像 CTS 那样结构化。

虽然用户可以在物理设计工具中设置最大转换时间，但如果标准单元库具有最大转换时间的值，那么库中的值具有优先级（也就是说，用户定义的最大转换时间不可以超过标准单元库中的最大转换时间）。

检查最佳情况库（best-case）和最差情况库（worst-case）的最大转换时间是非常重要的。如果相同，则无需处理。

如果最佳情况库和最差情况库具有不同的最大转换时间，则用户需要在最大转换修复期间包括两个库。

默认情况下，在放置期间只使用最差情况库，这意味着只有那些最差情况库中的最大转换时间违例将被修复。因为在放置期间，最佳情况库的最大转换时间违例将不会被修复，只有在时序签收阶段的保持时间违例修复中才会出现针对最佳情况库的时序修复，这些修复将以 ECO 的方式进行。

为了防止发生最大转换时间违例冲突，应该添加 hold_func 到建立时间分析的设置列表中。

所有工作模式和延迟工艺角在 MMMC 中的定义如示例 5.1 所示，请注意，hold_func 被添加到建立时间列表中：

示例 5.1

```
set_analysis_view -setup [list setup_func hold_func]

set_interactive_constraint_modes [all_constraint_modes -active]
```

```
update_constraint_mode -name setup_func_mode -sdc_files [list /
  project/moonwalk/implementation/physical/SDC/moonwalk.sdc]
  cerate_analysis_view -name setup_func -constraint_mode
  -name setup_func_mode -delay_corner slow_max
update_constraint_mode -name hold_func_mode -sdc_files [list /
  project/moonwalk/implementation/physical/SDC/moonwalk.sdc]
  cerate_analysis_view -name hold_func -constraint_mode -name
  hold_func_mode -delay_corner fast_min
```

将 hold_func 添加到建立时间列表中，物理设计工具将了解最坏情况库和最佳情况库及其最大转换时间需求。缓冲器将根据层次化需求插入。

一旦最差情况库和最佳情况库的最大转换时间都满足，则需要从分析视图的建立时间列表中删除 hold_func。

```
set_analysis_view -setup [list setup_func] -hold [ list hold_
  func]
```

如前所述，最大扇出和最大负载电容用于减少和限制驱动多个输入门的电容负载。这些扇出和负载需要限制的信号包括复位（reset）、扫描使能（scan enable）和扫描时钟（scan clock）。

在使用 functional setup 约束的放置过程中，扫描时钟在设计中作为一个高扇出网络。因此，物理设计工具将应用最大扇出数对其修复，因为它不会区分扫描时钟和其他高扇出网络。

这在扫描捕获模式的最终时序分析中会成为一个保持时间时序违例问题。纠正扫描捕获模式的保持时间违例将引入新的建立时间违例，并且可能需要更多 ECO 来纠正功能模式下建立时间和扫描捕获下保持时间违例。这是因为功能建立时间模式和扫描捕获模式使用两种不同的设计约束。

功能设计约束通常具有多个时钟和多个时钟频率。然而，扫描约束只有一个时钟（扫描时钟）和一个频率，这种差异会导致在功能建立时间和扫描捕获保持时间过程中产生问题。

在典型的物理设计流程中，用户关注的是功能的建立时间和保持时间问题。之后他们会手动地通过 ECO 的方式修复扫描捕获保持时间违例。使用 MMMC 流程将消除或最小化这些类型的 ECO。

为了在时序签收期间充分利用 MMMC，工程师需要对扫描时钟网络识别并使用 "do not touch" 属性。这应该在放置阶段完成并进行高扇出网络的修复。

一旦完成设计中所有非关键网络的高扇出网络修复（例如，reset），则需要将 "do not touch" 属性从扫描时钟网络中删除，并使用平衡缓冲器插入选项（大多数物理设计工具支持此选项）对扫描时钟进行高扇出修复，如图 5.5 所示。

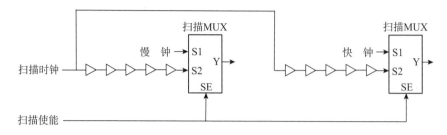

图 5.5 扫描时钟平衡缓冲器插入

放置期间在扫描时钟网络上插入平衡缓冲器的作用是通过调整所插入的缓冲器来减少扫描时钟偏差。在扫描 MUX 的输入端插入平衡缓冲器并做最少的 ECO 调整，期间并没有改变功能时钟树的结构，如图 5.6 所示。

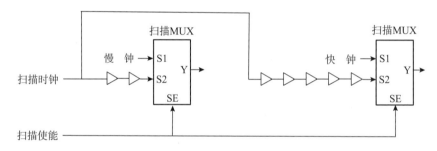

图 5.6 通过调整缓冲器最大限度地减少扫描时钟偏差

5.4 放置标准单元

根据物理设计工具的不同，放置算法有许多选择。选择正确的放置选项可以满足设计的时序要求并减少面积的开销。

放置过程可以分为两步——标准单元的放置（即放置模式）和根据时序约束要求对放置进行优化（即放置优化）。

（1）放置模式选项如下：

· 缩短连线长度。

· 均匀密度。

· 最大密度。

· 减少拥塞。

· 时序驱动。

· 分类归并、集群。

· 门控时钟感知。

· 时钟树插入感知。

· 最大的时钟树集群扇出。

（2）放置优化选项如下：

· 优化的程度。

· 降低静态（泄漏）功耗。

· 降低动态功耗。

· 门控时钟感知。

· 添加实例。

· 合理利用时钟偏差。

· 高扇出网络的修复。

· 最大连线长度。

· 面积优化。

放置和优化选项因物理设计工具而异。然而，对于先进的工艺节点，必须有诸如时序驱动、时钟树插入感知、集群、门控时钟感知、降低静态／动态功耗之类的选项。

一旦放置和优化完成，需要对拥塞图进行检查，以确保没有严重挤塞的区域。

严重挤塞的区域（面积利用率达 97% 或以上的区域），不仅会产生布线问题（连线短路），而且也会对设计的建立时间产生负面影响。在放置阶段，必须满足整个设计的时序需求。

一般来说，布线拥塞的区域是由布局规划问题造成的，需要通过改进布局规划的方式来解决。设计中特定模块具有非常高的背靠背连接也可能会导致拥塞。

高背靠背连接的一个例子是综合一个小型的 ROM，虽然这不是推荐的做法。一些 RTL 设计人员误以为一个综合的小型 ROM 可以节省面积（在网表级别，这是正确的），但这会导致在放置和最终布线的过程中产生布线和时序问题。解决这类拥塞问题的一个补救办法是为具有高背靠背连接的模块创建一个区域并降低该区域内的面积利用率。

放置阶段完成后，不应该有任何大的建立时间违例（例如，超过 100ps）。如果有，就需要调查其根本原因，然后予以纠正。

建立时间违例的来源可能是布局图或设计约束，例如缺少恒值或无效信号设置、多周期路径、虚假路径、过度约束输入 / 输出延迟或不是真实时钟的时钟门控单元（在这种情况下，需要禁用它们）。

5.5　放置阶段相关脚本

示例 5.2 是在电源关闭或者低功耗域插入备用单元（spare cells）的脚本，该脚本还包括标准单元的放置和建立时间的优化。

示例 5.2

```
### 设置环境 ###
source /project/moonwalk/implementation/physical/TCL/
  moonwalk_config.tcl

### 放置设置 ###
restoreDesign ../MOONWALK/flp.enc.dat moonwalk
source /project/moonwalk/implementation/physical/TCL/
  moonwalk_setting.tcl

generateVias

set_interactive_constraint_modes [all_constraint_modes -active]
set_max_fanout 50 [current_design]
set_max_capacitance 0.300 [current_design]
set_max_transition 0.300 [current_design]

update_constraint_mode -name setup_func_mode -sdc_files [list
```

```
/project/moonwalk/implementation/physical/SDC/moonwalk_
func.sdc]
create_analysis_view -name setup_func -constraint_mode setup_
func_mode  -delay_corner slow_max


update_constraint_mode -name hold_func_mode -sdc_files
[list /project/moonwalk/implementation/physical/SDC/
moonwalk_func.sdc]
create_analysis_view -name hold_func -constraint_mode
hold_func_mode  -delay_corner fast_min


set_interactive_constraint_modes [all_constraint_modes -active]
source /project/moonwalk/implementation/physical/TCL/
moonwalk_clk_gate_disable.tcl


set_analysis_view -setup [list setup_func] -hold
[list hold_func]


setPlaceMode -wireLenOptEffort medium -uniformDensity true
-maxDensity -1 -placeIoPins false -congEffort auto
-reorderScan true -timingDriven true -clusterMode
true -clkGateAware true -fp false -ignoreScan false
-groupFlopToGate auto -groupFlopToGateHalfPerim 20
-groupFlopToGateMaxFanout 20


setTrialRouteMode -maxRouteLayer 12


setOptMode -effort high -preserveAssertions false
-leakagePowerEffort none -dynamicPowerEffort none
-clkGateAware true -addInst true -allEndPoints true
-usefulSkew false -addInstancePrefix IPO_ -fixFanoutLoad true
-maxLength 600  -reclaimArea true


### 不要优化用于门级模拟的模块端口 ###
# setOptMode -keepPort ../keep_ports.list


createClockTreeSpec -bufferList {  hvt_ckinv_lvtd24  hvt_
ckinv_lvtd16 hvt_ckinv_lvtd12 hvt_ckinv_lvtd10 hvt_
ckbuffd24 hvt_ckbuffd16 hvt_ckbuffd12 } -file moonwalk_plc.spec
```

```
cleanupSpecifyClockTree
specifyClockTree -file moonwalk_plc.spec
```

备用单元的放置

将所有非备用实例放置在状态为 FIXED 的位置 (0,0)

```
set nonSpareList [dbGet [dbGet -p [dbGet -p -v top.insts.
  isSpare-Gate 1].pstatus unplaced].name]
foreach i $nonSpareList {placeInstance $i 0 0 -fixed}
```

```
placeDesign
```

```
dbDeleteTrialRoute
```

```
createSpareModule -moduleName SPARE -cell {hvt_sdfsrd4 hvt_
  nd2d4 hvt_aoi22d4 hvt_buffd24 hvt_invd12} -useCellAsPrefix
```

```
placeSpareModule  -moduleName SPARE -prefix SPARE -stepx 400
  -stepy 400 -util 0.8
```

```
placeSpareModule -moduleName SPARE -prefix SPARE -stepx 400
  -stepy 400 -powerDomain PDWN_CORE -util 0.8
```

修复备用单元放置

```
set spareList [dbGet [dbGet -p top.insts.isSpareGate 1].name]
foreach i $spareList {dbSet [dbGet -p top.insts.name $i].
  pstatus fixed}
```

取消放置非备用单元格

```
foreach i $nonSpareList {dbSet [dbGet -p top.insts.name $i].
  psta-tus unplaced}
```

放置

不要使用 LVT 和 SVT 单元进行放置

```
foreach cell [list {lvt*/*} ]{ setDontUse $cell true }
foreach cell [list {svt*/*} ]{ setDontUse $cell true }
```

```
placeDesign -inPlaceOpt
timeDesign -prects -prefix IPO -expandedViews -numPaths 1000
  -out-Dir ../RPT/plcsaveDesign ../MOONWALK/ipo.enc -compress
```

CTS 前的布局优化

```
set_interactive_constraint_modes [all_constraint_modes -active]
setOptMode -addInstancePrefix PRE_CTS_
setCTSMode -clusterMaxFanout 20

optDesign -preCTS

clearDrc

verifyConnectivity -type special -noAntenna -nets { VSS VDD }
  -report ../RPT/plc/plc_connectivity.rpt

verifyGeometry -allowPadFillerCellsOverlap
  -allowRoutingBlkgPinOverlap -allowRoutingCellBlkgOverlap
  -error 1000 -report ../RPT/plc/plc_geometry.rpt

clearDrc

setPlaceMode -clkGateAware false
setOptMode -clkGateAware false

timeDesign -preCTS  -prefix PLC -expandedViews -numPaths 1000
  -out-Dir ../RPT/plc
saveDesign -tcon ../MOONWALK/plc.enc -compress

summaryReport -noHtml -outfile ../RPT/plc/plc_summary_report.rpt
```

提供项目特定的导线负载模型以进行综合

```
#wireload -outfile ../wire_load/moonwalk_wlm -percent 1.0
  -cell-Limit 100000

if { [info exists env(FE_EXIT)] && $env(FE_EXIT) == 1 } {exit}
```

5.6 总 结

本章讨论了先进工艺节点物理设计、布局和如何在放置阶段解决时序违例。此外，还解释了不同的标准单元（带 tap 和无 tap）以及如何根据晶圆代工厂设计规则放置 tap 单元。

在本章中，对利用均衡缓冲器处理扫描时钟的重要性进行了讨论，这种操作方式可以使扫描捕获模式的时序以最少 ECO 的方式快速收敛。同时，分别讨论了标准单元放置及其时序优化这两个重要阶段。

参考文献

［1］ J E Vilson, J J Liou.Electrostatic Discharge in Semiconductor Devices: An Overview. Proc.IEEE 1998,86(2):399-420.

［2］ S A Campbell.The Science and Engineering of Microelectronic Fabrication.Oxford University Press,2007.

［3］ K Golshan.Physical Design Essentials, an ASIC Design Implementation Perspective.New York:Springer Business Media,2007.

第6章　时钟树综合

时间存在的唯一理由就是为了不让所有的事情都在同一时间发生。

Albert Einstein

时钟树综合（CTS）的概念是沿着时钟路径自动插入缓冲器/反相器，通过控制时钟偏差和时钟的网络延迟，构建整个时钟系统。

执行 CTS 的目的就是为了平衡时钟偏差和最小化插入时钟网络延迟。当然，在 CTS 操作之前，所有时钟引脚都由单个时钟源驱动，并被认为是理想的网络。

一个典型的 ASIC 设计可以包含许多不同频率的时钟源，这使得使用 CTS 非常具有挑战性。如果没有有效的时钟门控和时钟树设计，就无法实现时序和功耗降低的需求。

在使用 CTS 之前，了解设计的时钟结构和平衡设计的各种需求就显得非常重要，这将有助于我们构建最优时钟树。

创建 CTS 的一些先决条件如下：

（1）创建 NDR 规则（例如，为时钟网络设置较大的金属宽度和间距）。

（2）设置时钟的最大转换时间、最大负载电容和最大扇出。

（3）选择 CTS 期间使用的单元（时钟缓冲器、时钟反相器），尽管时钟缓冲器具有相等的上升和下降时间，但是为了避免脉冲宽度违例，建议使用时钟反相器。

（4）设置 CTS 特例。

如前所述，CTS 在构建时钟树结构、修复时序冲突，以及减少不必要的悲观问题中起着重要的平衡作用。构建时钟树的目的是减少时钟偏差，保持对称的时钟树结构，并在覆盖设计中的所有寄存器的同时降低功耗。

要拥有物理平衡良好的时钟树，就必须了解时钟的设计约束中要求的时钟网络延迟和时钟偏差。然而，使用 CTS 期间的设计约束可能会导致不必要的时钟单元插入并造成时序冲突。通常，这些问题来自时钟分频器（即生成时钟）、无约束的低速和快速时钟多路复用器（即缺失的恒值或无效信号设置）、默认时钟门控单元（即非时钟门单元）或跨域时钟（例如，逻辑上的慢时钟或/与快速时钟的操作）。

为了避免不必要的时钟单元插入，满足设计时序和时钟偏差的要求，推荐分三个阶段去实现 CTS：

（1）构建具有 CTS 约束的物理时钟树结构。

（2）按照 CTS 约束优化时钟树。

（3）根据实际设计约束优化最终的时钟树时序。

6.1 构建物理时钟树结构

构建物理时钟树结构是 CTS 的第一阶段（CTS1）。这个阶段的目标是建立一个物理平衡良好的时钟树，避免过多的时钟单元(时钟缓冲器/时钟反相器)插入，并确保时钟偏差尽可能小。此外，必须满足所有设计相关的时序要求。

第一步是创建 CTS 约束（例如，moonwalk_cts.sdc），它是通过复制实际设计的功能设计约束（例如，moonwalk_funcs .sdc）不做任何修改而创建的。

第二步是为 CTS 添加额外的 MMMC 模式（例如，setup_cts_Mode 和 hold_cts_mode），如示例 6.1 所示。

示例 6.1

```
update_constraint_mode -name setup_cts_mode -sdc_files
  [list /project/implementation/physical/SDC/moonwalk_cts.sdc]

create_analysis_view -name setup_cts -constraint_mode
  setup_cts_mode -dealy_ corner slow_max

update_constraint_mode -name hold_cts_mode -sdc_files
  [list /project/implementation/physical/SDC/moonwalk_cts.sdc]

create_analysis_view -name hold_cts -constraint_mode
  hold_cts_mode -dealy_ corner fast_min
```

除了选择要使用的单元（即时钟缓冲器或时钟反相器）之外，在 CTS 期间需要提供 CTS 选项，例如，最大扇出（即设计中由一个时钟树单元驱动的子单元数）、最大负载电容和最大时钟转换时间。此外，对于时序分析，需要设置片上变化（OCV）和共同路径悲观去除（CPPR）。

在 ASIC 制造过程中会出现 OCV 问题。考虑到工艺变化，降额因子被用到时序计算中。降额因子可用于在设计中进行时序检查（建立时间和保持时间）、互连线延迟和标准单元单元延迟，并具有以下格式：

```
set_timing_derate -early  0.9
set_timing_derate -late   1.1
```

例如，上述约束将 early/minimum 降低 10%（即路径变得更快），late/maximum 增加 10%（即路径变得更慢）。对于建立时间检查，发射时钟路径（late/maximum）将通过 -late 选项乘以 1.1，捕获时钟路径（early/minimum）将通过 -early 选项乘以 0.9；对于保持时间检查，发射时钟路径（early/minimum）将通过 -early 选项乘以 0.9，捕获时钟路径（late/maximum）将通过 -late 选项乘以 1.1。

需要注意的是，对于先进工艺节点，采用应用于整个芯片的固定降额因子的 OCV 方式是非常悲观的。一个更现实的降额因子在此类工艺节点上的应用是高级 OCV（AOCV）。与 OCV 相比，AOCV 降额因子随着距离的增加而增加，因此不那么悲观。AOCV 是基于距离（全局）和路径（局部）的降额模型。

当启动时钟和捕获时钟共享公共路径时，就会出现 CPPR。该公共时钟路径的最大时延和最小时延之差通常过于悲观，在时序分析时需要将其去除。

如果存在任何时钟单元集群（例如，成对的缓冲器和反相器），则需要使用其物理设计工具中的调试和诊断工具（例如，时钟树浏览器）来了解这些集群并在继续之前进行解析（希望在时钟门控单元（CG）之后插入均匀的时钟树），如图 6.1 所示。

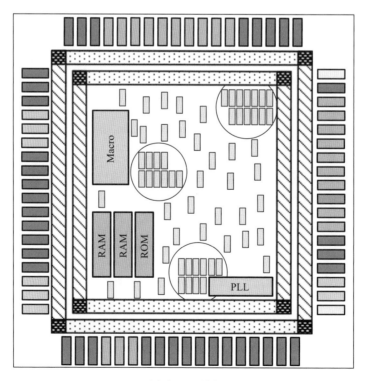

图 6.1　缓冲器时钟树插入图

图 6.2 显示了一个概念上的时钟浏览器时钟单元集群实例，第一个是分频触发器（FF），第二个是用于慢时钟和快时钟之间的无约束多路复用器（MUX），第三个是慢时钟和快时钟之间的跨域时钟门控（GATE）。

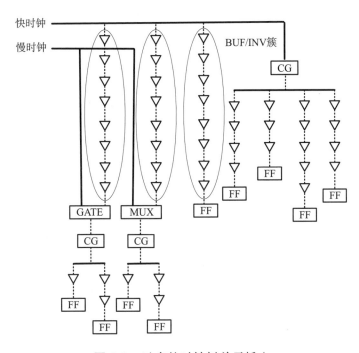

图 6.2 过多的时钟树单元插入

一旦观察到过多的时钟单元插入或大的建立时间违例，就应该修改 CTS 的约束，通过添加例外到的某些触发器的时钟端口（时钟接收引脚），将时钟定义从生成时钟转换为创建时钟，禁用时钟门控检查非时钟门控单元，添加更多的恒值或无效信号设置到伪路径，以最小化时钟单元插入和改进时钟树结构。

基于修改后的 CTS 约束和例外处理，所有目标单元（即触发器）是对齐的。换句话说，有最小的总体偏差并且没有布线拥塞。

去除多余的时钟单元即缩短时钟的网络延迟是一个迭代过程，以获得最优的时钟树结构，如图 6.3 所示。

在设计中对于那些关键的时钟网络，需要手动插入缓冲器/反相器，并在布局上设置一个"do not touch"属性。

为了获得最佳的传播延迟，可以选择这些缓冲器/反相器，使其驱动强度在时钟树的每一级单调增加一个 α 因子，如图 6.4 所示。

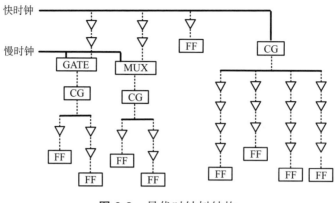

图 6.3　最优时钟树结构

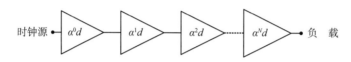

图 6.4　手动缓冲器 / 反相器插入

需要注意的是，默认情况下，一些物理设计工具将在 CTS 期间移动备用单元，需要设置避免移动备用单元的选项：

```
set_ccopt_property max_fanout 30
```

完成 CTS 后，更新时序并生成以 CTS1 为前缀的时序报告供审查。

6.2　时钟树结构的时序优化

第二阶段（CTS2）的目标是基于 CTS 约束（而不是实际设计约束）去优化时钟树结构的时序。因此，高扇出负载需要修复，并允许 CTS 根据需要插入缓冲器：

```
setOptMode -fixFanoutLoad true
setOptMode -addInstancePrefix CTS2_
```

在此阶段添加带有前缀 CTS2 的实例，通过查看 CTS2 的时序报告以确保它按预期完成。

设计优化的目标是修复时序冲突（建立时间和保持时间）。该命令完成后，生成带有前缀 CTS2 的时序报告供分析。

需要注意的是，经过设计时序优化后，不应该有任何时序违例（建立时间）。事实上，它应该是正的 SLACK（要求时间减去到达时间）。这样做的原因是，在 CTS 的这个阶段，使用的约束是为了构造时钟树而准备的，和实际的设计约束没有太大的关系。

如果在此阶段有任何时序违例，则构建物理时钟树结构和优化物理时钟树结构的时序工作就必须重复进行。此外，可能需要在 CTS 约束中添加更多时钟异常处理。

6.3　最终时钟树结构的时序优化

最终的 CTS 时序优化有两个选项——建立时间和保持时间修复，这个时序修复是基于实际设计约束（例如，moonwalk_func_sdc）而不是使用前面步骤中的 CTS 约束（例如，moonwalk_cts.sdc）。

更新 MMMC 功能模式的建立时间和保持时间约束，基于设计功能约束的脚本如示例 6.2 所示。

示例 6.2

```
update_constraint_mode -name setup_func_mode -sdc_files
  [list /project/implementation/physical/SDC/moonwalk_func.sdc]

create_analysis_view -name setup_func -constraint_mode
  setup_func_mode -dealy_ corner slow_max

update_constraint_mode -name hold_func_mode -sdc_files
  [list /project/implementation/physical/SDC/moonwalk_func.sdc]

create_analysis_view -name hold_func -constraint_mode
  hold_func_mode -dealy_ corner fast_min
```

激活并调用 MMMC：

```
set_analysis_view -setup [list setup_func]  -hold
  [list hold_func]
```

在优化模式中，允许时钟缓冲器和反相器插入来修复时钟的最大扇出数：

```
setOptMode -fixFanoutLoad true
setOptMode -addInstancePrefix CTS
```

在使用 MMMC 进行 CTS 时序优化期间，首先修复建立时间违例，如果保持时间违例的修复不影响设计的建立时间，则这部分保持时间违例也将被修复。此过程将并行发生。因为建立时间违例的修复优先级比保持时间违例的修复高（根据 MMMC 设置），所以可能存在一些需要显式修复的保持时间违例。但在修复之前，需要更新设计的时序（timeDesign）。

要显式地修复剩余的保持时间违例，首先需要删除那些在放置阶段和 CTS 阶段设置的小驱动能力缓冲器和延迟单元的 "do not use" 属性，如示例 6.3 所示。

示例 6.3

```
setDontUse dly1d1 false
setDontUse dly2d1 false
setDontUse dly3d1 false
setDontUse bufdp5 false
setDontUse bufd2p5 false
```

需要设置 Hold 优化模式，其中包括不修改时钟结构。此外，只允许修复任何寄存器到输出和输入到寄存器的建立时间违例，不修复其对应的保持时间违例。另外，提供一个缓冲器和延迟单元的列表，这些列表中的单元将在保持时间违例修复阶段使用，如示例 6.4 所示。

示例 6.4

```
setAnalysisMode -honorClockDomains true
setOptMode -fixHoldAllowSetupTnsDegrade false
setOptMode -ignorePathGroupsForHold { reg2out in2reg }
setOptMode -holdFixingCells { bufd2p5 bufdp5 bufd2 bufd3
  bufd4 dlyd1 dlyd2 dlyd3 }
setOptMode -addInstancePrefix  HLD_FIX
```

优化设计并添加 "hold" 选项（optDesign -postCTS -hold），更新设计时序并生成建立时间和保持时间的时序报告。

6.4 CTS脚本

时钟树综合脚本如示例 6.5 所示。

示例 6.5

```
### CTS 环境设置 ###

source /project/moonwalk/implementation/physical/TCL/
  moonwalk_config.tcl

restoreDesign ../MOONWALK/plc.enc.dat moonwalk

### 建立具有 CTS 约束的时钟树结构 ###

### 打开 CTS 的 LVT （用于高速设计） ###
#foreach cell [list {stdcells_lvt*/*} ] { setDontUse $cell
  false }

### 关闭 CTS 的 HVT ###
foreach cell [list {stdcells_hvt*/* } ] { setDontUse $cell true}
source /project/moonwalk/implementation/physical/TCL/
  moonwalk_setting.tcl

generateVias

set_interactive_constraint_modes [all_constraint_modes -active]
update_constraint_mode -name setup_cts_mode -sdc_files
  [list /project/moonwalk/implementation/physical/SDC/
  moonwalk_cts.sdc]
create_analysis_view -name setup_cts -constraint_mode
  setup_cts_mode -delay_corner slow_max

update_constraint_mode -name hold_cts_mode -sdc_files
  [list /project/moonwalk/implementation/physical/SDC/
  moonwalk_cts.sdc]
create_analysis_view -name hold_cts -constraint_mode
  hold_cts_mode -delay_corner fast_min

set_analysis_view -setup [list setup_cts] -hold [list hold_cts]

set_interactive_constraint_modes [all_constraint_modes -active]
```

```
source /project/moonwalk/implementation/physical/TCL/
  moonwalk_clk_gate_disable.tcl


createClockTreeSpec -bufferList { ckinvlvtd24 ckinvlvtd16
  ckinvlvtd12 ckinvlvtd10 ckbuflvtd24 ckbuflvtd16 ckbuflvtd12
  ckbuffd10 } -file moonwalk_clock.spec


cleanupSpecifyClockTree
specifyClockTree -file moonwalk_clock.spec


set_interactive_constraint_modes [all_constraint_modes -active]
set_max_fanout 50 [current_design]
set_max_capacitance 0.300 [current_design]
set_clock_transition 0.300 [all_clocks]


setAnalysisMode -analysisType onChipVariation -cppr both


setNanoRouteMode -routeWithLithoDriven false
  -routeBottomRoutingLayer 1 -routeTopRoutingLayer 6


setCTSMode -clusterMaxFanout 20 -routeClkNet true
  -rcCorrelationAutoMode true -routeNonDefaultRule rule_2w2s
  -useLibMaxCap false -useLibMaxFanout false


set_ccopt_mode -cts_inverter_cells { ckinvlvtd24 ckinvlvtd16
  ckinvlvtd12 ckinvlvtd10} -cts_buffer_cells { ckbuflvtd24
  ckbuflvtd16 ckbuflvtd12 ckbuffd10} -cts_use_inverters true
  -cts_target_skew 0.20 -integration native
```

在 CTS 期间保留模块端口以进行门级仿真

```
#set modules [get_cells -filter "is_hierarchical == true"
  CORE/clkgen_inst/*]
#getReport {query_objects $modules -limit 10000} > ../
  keep_ports.list
#setOptMode -keepPort ../keep_ports.list


set_interactive_constraint_modes [all_constraint_modes -active]
```

```
set_propagated_clock [all_clocks]

set restore [get_global timing_defer_mmmc_object_updates]
set_global timing_defer_mmmc_object_updates true
set_analysis_view -update_timing
set_global timing_defer_mmmc_object_updates $restore
```

将 CTS 期间忽略接收端引脚设置为控制缓冲

```
source /project/moonwalk/implementation/physical/TCL/\
  moonwalk_ignore_pins.tcl

#To keep spares from getting moved
set_ccopt_property change_fences_to_guides false
set_ccopt_property max_fanout 50
```

将有用的偏差延迟插入控制在 5%

```
set_ccopt_property auto_limit_insertion_delay_factor 1.05
set_ccopt_property -target_skew 0.2
```

强制 CCOPT 使用这些约束

```
set_ccopt_property -constrains ccopt
create_ccopt_clock_tree_spec -immediate

ccoptDesign

timeDesign -expandedViews -numPaths 1000 -postCTS -outDir ../
  RPT/cts -prefix CTS1

saveDesign ../MOONWALK/cts1.enc -compress

summaryReport -noHtml -outfile ../RPT/cts/cts0_summaryReport.rpt
```

具有 CTS 约束的时钟树时序优化

重置 CTS 期间使用的所有忽略接收器引脚

```
source /project/moonwalk/implementation/physical/TCL/
  moonwalk_reset_ignore_pins.tcl
```

```
set_interactive_constraint_modes [all_constraint_modes -active]
set_propagated_clock [all_clocks]


set_interactive_constraint_modes [all_constraint_modes -active]
source /project/moonwalk/implementation/physical/TCL/
  moonwalk_clk_gate_disable.tcl


set restore [get_global timing_defer_mmmc_object_updates]
set_global timing_defer_mmmc_object_updates true
set_analysis_view -update_timing
set_global timing_defer_mmmc_object_updates $restore


setOptMode -fixFanoutLoad true
setOptMode -addInstancePrefix CTS2_


optDesign -postCTS


timeDesign -postCTS -expandedViews -numPaths 1000 -outDir ../
  RPT/cts -prefix CTS2
saveDesign ../MOONWALK/cts2.enc -compress
```

具有设计约束的时钟树时序优化

```
set_interactive_constraint_modes [all_constraint_modes -active]

update_constraint_mode -name setup_func_mode -sdc_files
  [list /project/moonwalk/implementation/physical/SDC/
  moonwalk.sdc]
create_analysis_view -name setup_func -constraint_mode
  setup_func_mode -delay_corner slow_max


update_constraint_mode -name hold_func_mode -sdc_files
  [list /project/moonwalk/implementation/physical/SDC/
  moonwalk.sdc]
create_analysis_view -name hold_func -constraint_mode
  hold_func_mode -delay_corner fast_min
```

```
set_analysis_view -setup [list setup_func] -hold [list
  hold_func]


set_interactive_constraint_modes [all_constraint_modes -active]
set_propagated_clock [all_clocks]


set restore [get_global timing_defer_mmmc_object_updates]
set_global timing_defer_mmmc_object_updates true
set_analysis_view -update_timing
set_global timing_defer_mmmc_object_updates $restore


setOptMode -fixFanoutLoad true
setOptMode -addInstancePrefix CTS3_
optDesign -postCTS


timeDesign -postCTS  -expandedViews -numPaths 1000 -outDir ../
  RPT/cts -prefix CTS3
timeDesign -postCTS -hold -expandedViews -numPaths 1000
  -outDir ../RPT/cts -prefix CTS3


saveDesign ../MOONWALK/cts3.enc -compress
```

在不破坏建立时间违例的情况下修复保持时间违例
```
set_interactive_constraint_modes [all_constraint_modes -active]
set restore [get_global timing_defer_mmmc_object_updates]
set_global timing_defer_mmmc_object_updates true
set_analysis_view -update_timing
set_global timing_defer_mmmc_object_updates $restore


setAnalysisMode -honorClockDomains true


setOptMode -addInstancePrefix HLD_FIX_


set_interactive_constraint_modes [all_constraint_modes -active]


source /project/moonwalk/implementation/physical/TCL/
```

```
      moonwalk_clk_gate_disable.tcl
setOptMode -fixHoldAllowSetupTnsDegrade false
   -ignorePathGroupsForHold {in2reg reg2out in2out}


setDontUse dly1svtd1      false
setDontUse dly2svtd1      false
setDontUse dly3svtd1      false
setDontUse bufsvtdp5      false
setDontUse bufsvtd2p5     false


setOptMode -holdFixingCells {  bufd2p5 bufdp5 bufd2 dly1d1
   dly2d1}


optDesign -postCTS -hold


timeDesign -postCTS  -expandedViews -numPaths 1000 -outDir ../
   RPT/cts -prefix CTS
timeDesign -hold -postCTS -expandedViews -numPaths 1000
   -outDir ../RPT/cts -prefix CTS


saveDesign ../MOONWALK/cts.enc


summaryReport -noHtml -outfile ../RPT/cts/cts_summaryReport.rpt


if { [info exists env(FE_EXIT)] && $env(FE_EXIT) == 1 } {exit}
```

6.5 总 结

本章讨论了 CTS，这是物理设计流程中关于速度和功耗的重要且具有挑战性的部分，它涵盖了先进工艺节点上 OCV 和 ACOV 的内容。

CTS 的理想结果是时钟单元插入均匀，同时满足所有时钟的时序要求（建立时间和保持时间）。

由本章可知，CTS 基于分而治之的策略，不是一次执行所有 CTS，而是分四个不同的阶段：

（1）使用修改后的设计功能约束来构建 CTS 时钟树约束，通过添加忽略 sink pin（触发器的时钟端口）、假路径、禁用时序弧等手段来引导完成 CTS 的综合和物理实现。这些约束用于在时钟端口停止 CTS 缓冲（例如，时钟分频器）。在该阶段，应用 MMMC 方法同时进行建立时间和保持时间违例的修复。

（2）基于 CTS 约束进行时序优化。与第一阶段一样，应用 MMMC 方法同时进行建立时间和保持时间违例的修复。

（3）基于实际设计约束而不是基于 CTS 约束的最终 CTS 时序优化。MMMC 用于修复所有的建立时间和保持时间违例。因为 MMMC 流程优先修复建立时间违例，因此在这个阶段结束时，可能会有一些保持时间违例的路径存在。

（4）在保证建立时间满足的情况下，修复剩余的保持时间违例。

参考文献

［1］ K Golshan.Physical Design Essentials, an ASIC Design Implementation Perspective.New York:Springer Business Media, 2007.

［2］ N H Weste, K Eshraghian.Principle of CMOS VLSI DESIGN, A Systems Perspective.Addison-Wesley, Boston,1985.

［3］ Cadence Design Systems, Inc. Encounter Digital Implementation System.2016.

第 7 章　最终布线和时序

成功就是不断失败却不失信心。

Winston Churchill

在完成布局、放置和 CTS 后，下一阶段是执行最终的布线和时序收敛的过程（包括所有功能模式和子模式，比如测试功能和多个工艺角的时序模型）。这些工作的目的是最大限度地减少时序签收阶段所需的 ECO 迭代的次数和工作量。

在物理设计实施的最终布线和时序收敛阶段，满足所有的设计时序要求及其可制造性至关重要，先进工艺节点尤其如此，因为先进工艺节点（40nm 及以上工艺）有更多的设计规则需要满足。

随着 ASIC 内门数的增加，ASIC 设计也变得越来越复杂，发展到现在，互连线所需要的面积甚至比标准单元占用的面积更大。这使得布线变得更加困难。如果布线的条件没能合理设置的话，正常情况下，布线可能无法完成，或者需要占用不可接受的执行时间。

在满足设计的时序情况下，影响布线能力的先决条件是标准单元的设计质量、精心准备的布局图、标准单元放置的质量，以及前几章讨论过的时钟树综合的质量。

正如在第 2 章中提到的那样，在典型的物理实现流程中，物理设计时可以只关注设计的主要功能模式，并通过 ECO 的方式来修复其他工作模式的设计时序违例。

这里提出的设计目标不仅是布线完成后没有违反任何物理设计规则（例如，短路），而且也要通过 MMMC 的方法使所有的工作模式都满足时序收敛，并尽量减少 ECO 的使用。

对于较大的工艺节点，由于金属线宽和间距较大，而且标准单元尺寸也较大，布线要相对容易一些。然而，随着工艺技术的进步（即 40nm 以下），金属线宽和间距变得更小，导致布线变得更具挑战性。此外，标准单元的尺寸也变小很多。因为有更多的标准单元和更多的互连线，使用先进工艺节点技术的累计导线长度很容易超过 1km。

此外，过大的电流密度导致的电迁移（EMI）、相邻连线之间的串扰耦合（较小的金属间距同时伴随着高速的时钟带来的数据高速转换）、泄漏（静态）电流的优化和可制造性设计（DFM）等问题都必须在最终布线阶段解决。

7.1 电迁移问题

大多数 ASIC 芯片必须有至少 10 年的 MTTF（平均失效时间）。

然而，对于先进的工艺节点，更小的金属宽度将会导致更大的金属电阻值，因此这个比率可能要低得多。较低的 MTTF 是由给定导线的电流密度和电磁干扰引起的，用布莱克方程表示：

$$\text{MTTF} = \frac{A}{J^2} \exp\left(\frac{E_a}{kT}\right) \tag{7.1}$$

其中，A 为金属常数；J 为电流密度（即单位面积单位时间内通过的电子数）；k 是玻尔兹曼常数；E_a 是活化能；T 是温度。

由式（7.1）可知，EMI 引起的 MTTF 取决于两个参数——温度和电流密度。需要注意的是，MTTF 不会立即失效。相反，它需要一些时间才能发生。

高电流密度使金属中的电子加速运动，这些电子将它们的动量转移到其他原子，原子从它们原来的位置移位，超过电磁干扰电流密度限制。

随着先进的工艺技术的发展，电磁干扰导致的故障概率显著增加（因为功率密度和电流密度都在增加）。具体地说，金属层线宽和导线截面积将随着时间的推移而不断减小。

由于电源电压的降低和栅极电容的减少，导致电流也减少了。然而，电压和电流的减小受到频率增加的影响也越来越明显，横截面积的减小将导致先进工艺节点中电流密度增加。随着时间的推移，电流密度的增加将引起电磁干扰，导致产生开孔（断路）和短路。

一般来说，EMI 产生的根本原因是电源布线、不均匀的物理连线、高频率翻转的连线和 IR 下降（即 VDD 下降加上 VSS 上升）。

图 7.1 显示了高电流密度情况下，就电源连接而言（例如，VDD），从宽金属移动到更窄的金属时发生的电迁移。

图 7.2 显示了分段网宽金属连接到较窄的金属层的潜在问题（例如，采用 NDR 布线规则的时钟网络与默认规则的金属层连接）。

消除电迁移问题的解决方案如下：

（1）增加互连线的宽度（电源线、地线和时钟网络）。

（2）插入缓冲器（时钟连线和常规连线）。

（3）增加驱动能力（时钟连线和常规连线）。

（4）将连线切换到更高的金属层（低电阻铜和铝）。

（5）通过改进电源和接地连线方案来减少 IR 下降。

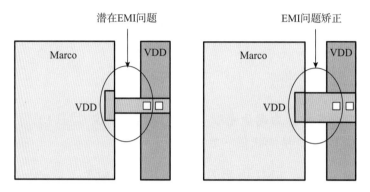

图 7.1　电源（VDD）连线上的电迁移问题说明及解决方案

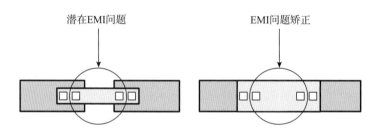

图 7.2　电源（VDD）连线上（分段连线）的电迁移问题说明及解决方案

7.2　去耦电容单元的考虑

去耦电容单元（即 decap 单元）添加在电源轨和地轨之间，防止动态 IR 下降导致的功能性故障。

动态 IR 下降发生在时钟的活动边缘，在此位置通常有非常高比例的时序电路数值切换。由于这种同步的大量的数值切换，大电流在短时间内从电网中流出。如果一个给定的触发器离电源非常远，则这个触发器将进入亚稳状态。

逻辑 0 和逻辑 1 是有一定的电压范围的，超出这个范围时，逻辑值将被描述为亚稳态。如果信号在可接受的 0 或 1 范围之外的中间范围内，则逻辑门的行为将可能出现功能性故障。图 7.3 显示了一个典型的 decap 单元的设计。

为了克服动态 IR 下降过程中发生的亚稳态，需要在 ASIC 切换信号的同时添加 decap 单元。当 ASIC 设计中对时钟沿附近电流要求较高时，decap 单元电容放电为电源网络提供动力。由于 decap 单元有额外的泄漏电流消耗，因此它们应该作为填充物只放在需要的地方（靠近触发器）。注意：一些高级 EDA 物理设计工具提供了在需要时自动插入 decap 单元的选项。

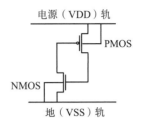

图 7.3　decap 单元设计

如图 7.3 所示，decap 单元通常由 PMOS 和 NMOS 晶体管组成，其中 PMOS 晶体管的源极连接到电源（VDD）轨，漏极连接到 NMOS 晶体管的栅极。

同样，NMOS 晶体管的源极连接到地（VSS）轨，漏极与 PMOS 晶体管的栅极相连。因此，当瞬间发生大电流时，电荷移动到内部的寄生电容上，而不是把它们转移到电压源。

外部电容是在设计中放置的 decap 单元。内部电容是指那些在电路中自然存在的，比如电源网格间的电容、靠近逻辑电路的可变电容，以及邻近的当 PMOS 或 NMOS 晶体管通道打开时的寄生电容。

正如之前提到的，decap 单元的一个缺点是它们很容易产生泄漏电流，所以 decap 单元使用越多，泄漏电流越大。另一个设计人员容易忽略的缺点是 decap 单元与封装 RLC 网络的相互作用。

由于 die 本质上是一个电容，具有非常小的 R（电阻）和 L（电感），封装是一个巨大的 RLC 网络，越多的 decap 单元放置，越有可能把电路变成它的共振频率。这会产生严重的问题，会导致 VDD 和 VSS 振荡。

一些物理设计师倾向于在高翻转的时钟缓冲器附近放置 decap 单元，这并不罕见。但是，建议使用 decap 单元优化流程（即动态功耗分析），以便充分了解充放电需求，并计算出在任意节点上需要放置多少个 decap 单元。在采用封装模型（例如，封装 RLC 网络）时应该确保 decap 单元的添加不影响谐振频率。

7.3　金属层ECO标准单元

在当今具有数百万门的 ASIC 设计中，随着设计复杂性的增加，功能性 ECO 的使用机会也同样增加。

在 TO（流片）之前的最后一刻，当发生设计变更时，金属 ECO 发挥着至关重要的作用，它有助于节省数百万美元的光刻版成本。当设计验证中发现错误时，通过 METAL ECO，可以避免更改所有的光刻层。虽然设计修复属于逻辑领域，但人们通常对物理上的修复方法知之甚少。本节将重点介绍 METAL ECO 实现方法，重点是掩模可编程单元。

最初，掩模可编程单元的想法是由门阵列技术实现的。门阵列技术是一种使用预制芯片制造 ASIC 的方法，其组件随后在 IC 晶圆厂通过添加金属互连层连接到逻辑器件（例如，NAND 门等）。

正如我们在第 4 章中讨论过的那样，备用单元以备用模块的形式插入物理设计中。备用单元主要包括标准单元库中的各种组合和时序单元（例如，反相器、缓冲器、多路复用器、触发器等）。为了确保没有浮动输出，这些备用单元的输入要么与电源相连，要么与地相连。

这种方法存在一些固有的概率问题。为了解决这些问题，METAL ECO 单元也需要在布线的最后阶段插入。这些额外的可编程 ECO 单元在 ECO 设计过程中是非常有益的。通常需要高驱动能力的可编程 ECO 单元，以便驱动长的连线并避免由于大电容负载而导致的时序违例。

金属可编程 ECO 单元有两种类型，一种是 ECO 填充单元，另一种是功能性 ECO 单元。

ECO 填充单元如图 7.4 所示，是基于 FEOL（front-end-of-line，前端工艺）的基础层构建的。FEOL 分为注入层、扩散层和多晶硅层，允许任何使用 BEOL（back-end-of-line，后端工艺）的金属层构建任何类型的功能性 ECO 单元。

功能性 ECO 单元如图 7.5 所示，包括各种各样的组合电路和时序电路，它们具有不同的驱动能力，单元的宽度与标准填充单元的宽度成倍数关系，单元布局与 ECO 填充单元具有相同的 FEOL。唯一的区别是功能性 ECO 单元使用 ECO 填充单元的 FEOL，有半导体接触孔（contact），负责连接栅极、注入层和金属层，从而建立一个标准的功能门单元。

由图 7.4 和图 7.5 可知，ECO 填充单元和功能性 ECO 单元具有相同的面积。

与布局、放置和 CTS 流程一样，布线流程也需要几个步骤才能完成。考虑到最终布线的复杂性，布线阶段的目标是在所有的功能和测试模式下，获得一个物理验证正确、满足设计规则和时序收敛的 GDSII。

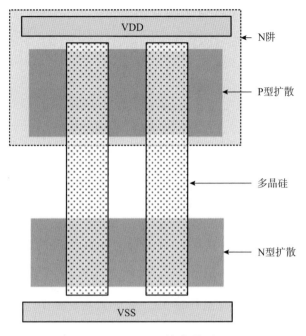

图 7.4 ECO 填充单元

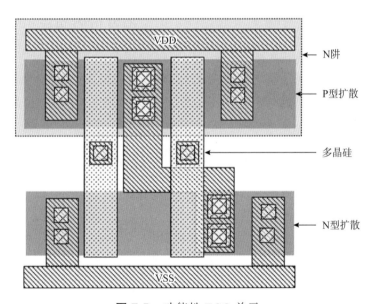

图 7.5 功能性 ECO 单元

最终布线的步骤如下：

（1）初始布线设计。

（2）布线优化。

（3）泄漏电流优化和可选（SI 和 DFM）优化。

（4）调用 MMMC 并报告所有模式的时序。

（5）应用手动 ECO 来消除任何大的时序违例。

（6）应用 MMMC 修复剩余的时序违例。

（7）最终布线。

7.4　初始布线设计

初始布线设计的目标是确定设计的布线和时序，修复建立时间违例。值得注意的是，现在的布线工具不会有任何断路，因此，本节不讨论断路的情况。

初始设计布线完成后，不应有任何短路连线存在。如果有任何连线短路，大多数 EDA 工具都通过"搜索和修复"选项去解决。此选项仅适用于具有短路违例的孤立区域。此外，此选项可能会将短路违例从一个区域移动到另一个区域。当存在多个短路违例时，这种"搜索和修复"过程可能会出现问题，很多情况下短路违例无法被修复。

如果在使用"搜索和修复"选项后仍然存在短路违例，可以使用程序（proc）来移除。应该指出的是，它可能需要许多次尝试去解决这些短路违例。这种方法自动识别短路违例并创建一个列表。此外，工具会从设计中自动删除这些短路的连线。

一旦短路的连线被删除，就需要执行 ECO 和设计的布线操作。为此，一个名为"reroute_shorts"的运行脚本将专门用来处理 ECO 的工作。这个运行脚本可以在第 4 章中的 moonwalk_config.tcl 脚本中找到。

经过多次的修复短路尝试后，有时设计中依然存在许多短路违例，这并不罕见，这可能是布线拥塞的结果。设计中的拥塞区域通常是在 CTS 过程中针对时钟网络使用 NDR 设计规则造成的。

remove_ndr_nets 脚本删除指定时钟网的 NDR 设计规则，从而释放布线资源。然而，在使用这个脚本时应该非常谨慎，它可能会在时钟网络中引入电容耦合等问题。

布线拥塞的另一个问题可能是由于缺乏足够的布线面积造成的（即高布线利用率）。先进工艺节点尤其如此，因为在先进工艺节点下标准单元的面积更小，导致区域内的标准单元的密度更高，从而导致没有足够的布线资源。

对于先进工艺节点来说，拥有 12 个金属层并不罕见。无论是增加芯片面积还是增加金属布线层数，都需要进行制造成本分析，看看哪个选项性价比最高。

通常情况下，非常高的布线利用率会影响到时序。这个问题可以通过增加芯片面积或增加更多的布线层数来解决。

以下是初始阶段和最终布线需要的步骤和选项：

```
set_analysis_view -setup [list setup_func] -hold [list
  hold_func]
setNanoRouteMode -routeTopRoutingLayer 12
```

LithoDriven 是指光刻感知布线，主要适用于先进工艺节点：

```
setNanoRouteMode -routeWithLithoDriven true
```

因为在初始阶段，我们的目标是在没有任何短路的情况下完成设计，所以建议将 TimingDriven 设置为 false：

```
setNanoRouteMode -routeWithTimingDriven false
```

信号完整性（signal integrity，SI）是指电信号可靠地携带信息和抵抗附近高频电磁干扰的能力。siDriven 选项设置为减少串扰及其增量延迟。

串扰是由于交叉耦合电容的影响，当一个连线网络上的信号切换时（攻击网络）会影响到邻近的连线网络（受害网络）。

将 SiDriven 选项设置为 true，允许物理设计工具增加攻击网络和受害者网络之间的间距，使交叉耦合电容随间距增大而减小，从而减少串扰的影响。此外，物理设计工具插入缓冲器，以提高受害网络的强度，从而减少噪声的影响。

另一种避免串扰的技术是放置一个屏蔽，也就是在攻击者网络和受害者网络之间增加一个地线网络（如 VSS），使电压通过接地网络放电。然而，这会增加旁跨电容（sidewalk capacitance），反过来影响线网上的时序。

当相邻信号（干扰源）发生信号转换时，在恒定信号（受害网络）上会发生故障或噪声碰撞，这时候需要一个修复故障或噪声碰撞的噪声模型。很多时候，用于噪声分析的专用 EDA 工具都是单独提供的。

以下是 SI 选项的示例：

```
setNanoRouteMode -routeWithSiDriven true
```

```
setSIMode -deltaDelayThreshold 0.01 -analyzeNoiseThreshold 80
  -fixGlitch false
```

下面是如何设置 OCV 和 CPPR 进行建立时间分析的示例（在第 6 章中讨论过）：

```
setAnalysisMode -analysisType onChipVariation -cppr setup
```

完成这些选项设置后，初始设计布线由以下命令执行

```
routeDesign
```

在初始布线之后，不应该有任何的连线短路和非常大的建立时间违例。在继续下一阶段之前，必须生成时序报告并审查整个设计的时序违例情况。

7.5 设计布线优化

一旦确定了初始布线（即没有短路和大的建立时间违例），则进入下一阶段——设计布线优化阶段。设计布线优化阶段的目标是解决建立时间违例和保持时间违例（如果有的话）。为了做到这一点，时序分析模式需要设置 OCV 和 CPPR 选项，保证建立时间和保持时间检查的正确性。

```
setAnalysisMode -analysisType onChipVariation -cppr both
```

应该注意的是，时序分析模式是为建立时间和保持时间（两者）设置的。此外，需要确保所有时钟都设置为传播模式（propagation mode）。

在布线优化过程中，为 SIAware 设置 DelayCalMode，激活 ExtractRCMode 以支持电容耦合效应：

```
setDelayCalMode -SIAware true -engine default
setExtractRCMode -engine postRoute -coupled true -effortLevel
  medium
```

为了完成设计，工程师需要布线优化。因为经过初始布线之后，连线已经存在于设计中了，所以在布线优化阶段，需要使用 postRoute 选项：

```
optDesign -postRoute -setup
```

另一个布线优化步骤是修复任何剩余的保持时间违例。如果标准单元的设计库支持低泄漏单元（例如，带有 LL 前缀），则它们被设置为 "do not use" 属性，

因为它们的内在器件延迟很慢，通常建议使用它们来修复保持时间违例。delay
单元也应该用于修复保持时间违例：

```
foreach cell [list  {LL */*} ] { setDontUse $cell false }
setDontUse dly2d1 false
setDontUse dly3d1 false
```

此外，建议从设计的标准单元库中选择一些标准单元作为列表，专门用于
修复保持时间违例：

```
setOptMode -holdFixingCells { LLbufd2 LLbufd3 dly2d1 dly3d1 }
```

通过 postRoute 和 hold 选项修复剩余的保持时间违例：

```
optDesign -postRoute -hold
```

通常，物理设计从使用 HVT 单元开始进行整体 ASIC 泄漏电流的优化（静
态功耗）。此外，其他单元类型，如 SVT 和 LVT，因为它们具有非常高的静
态功耗，通常被归为"do not use"属性。然而，从时序性能的角度来看，HVT
单元比 SVT 和 LVT 慢。因此，除了 HVT 外，可能有必要使用 SVT 和 LVT 单
元以修复剩余的建立时间违例。

为了允许 EDA 工具使用这些标准单元，"do not use"属性需要在修复建
立时间违例期间移除：

```
foreach cell [list {svt*/* lvt*/*} ] { setDontUse $cell false }
```

移除掉"do not use"属性后，布线优化由下面的命令执行：

```
optDesign -postRoute -setup
```

布线优化的最后阶段是使设计的泄漏功耗（静态功耗）最小。EDA 工具将
用低泄漏单元（HVT）替换高泄漏单元（例如，LVT 和 SVT），只要这些替换
不破坏建立时间和保持时间。可以报告泄漏优化前后的时序。泄漏（静态）优
化由 optLeakagePower 命令执行：

```
report_power -leakage
optLeakagePower
report_power -leakage -power_domain
```

在布线优化过程中还可以执行其他优化（例如，SI 和 DFM）。

DFM 由一组不同的物理设计规则组成，称为"推荐设计规则"，涉及形

状和多边形（例如，标准单元版图）。DFM 规则适用于金属互连层的间距 / 宽度、通孔 / 触点重叠和接触孔 / 通孔（contact/via）冗余。

DFM 规则用于最小化物理过程变化的影响和其他类型的参数变化造成的芯片良率的损失。例如，最坏情况（worst-case）模拟的类型是基于一组最坏设备情况下晶体管性能参数在整个制造过程中的变化范围。

改变互连线的间距和宽度等需要详细地了解良率损失的机制，因为这些变化相互权衡。例如，引入 via 冗余将减少制造过程中 via 出错的机会，同时也会降低电阻值。这是否是个好主意取决于良率损失模型和 ASIC 设计的特点。

对于先进的工艺节点（例如，低于 20nm），制造工艺在进行工艺改进时，只要不影响芯片面积的大小，就必须尽可能多地添加 DFM 规则。

在 moonkwalk_frt .tcl 中描述了最终布线阶段 SI 和 DFM 优化的细节，请参见本章的最后布线脚本部分。

7.6 MMMC设计时序收敛

到目前为止讨论的初始布线和布线优化仅适用于主要功能模式。为了消除在其他模式的设计中剩余的建立时间违例和保持时间违例，将采用MMMC方法。

为了达到说明的目的，扫描捕获模式和扫描移位模式将被添加到 MMMC 的分析模式中：

```
set_analysis_view -setup [list setup_func] -hold  [list hold_
  func hold_scanc hold_scans]
```

一旦设置了分析模式，就需要对其进行定义。在本例中，模式是 setup_func、 hold_func、hold_scanc 和 hold_scans，如示例 7.1 所示。

示例 7.1

```
update_constraint_mode -name setup_func_mode -sdc_files
  [list /project/moonwalk/implementation/physical/SDC/
  moonwalk_func.sdc]
create_analysis_view -name setup_func -constraint_mode
  setup_func_mode -delay_corner slow_max
```

应该注意的是，对于扫描模式，仅添加它到保持时间分析模式中，不添加它到建立时间分析模式中，如示例 7.2 所示。

示例 7.2

```
update_constraint_mode -name hold_func_mode -sdc_files
  [list /project/moonwalk/implementation/physical/SDC/
  moonwalk_func.sdc]
create_analysis_view -name hold_func -constraint_mode
  hold_func_mode -delay_corner fast_min


update_constraint_mode -name hold_scanc_mode -sdc_files
  [list /project/moonwalk/implementation/physical/SDC/
  moonwalk_scanc.sdc]
create_analysis_view -name hold_func -constraint_mode
  hold_func_mode -delay_corner fast_min


update_constraint_mode -name hold_scans_mode -sdc_files
  [list /project/moonwalk/implementation/physical/SDC/
  moonwalk_scans.sdc]
create_analysis_view -name hold_func -constraint_mode
  hold_func_mode -delay_corner fast_min
```

这些模式定义在 MMMC 定义文件中（即 monnwalk_view_def.tcl）。

值得注意的是，在今天的 ASIC 设计中，有不止一种功能（例如，UART、USB）和测试（例如，MBIST）模式可以包含在 MMMC 的设置中进行建立时间和保持时间的检查，示例如下：

```
set_analysis_view -setup [list setup_func setup_uart
  setup_mbist] -hold  [list hold_func hold_uart hold_mbist
  hold_scanchold_scans]
```

为了了解设计中所有模式的时序违例，建议设置 postRoute 选项并分别为建立时间和保持时间检查生成时序报告：

```
timeDesign -postRoute -setup  -numPaths 1000 -outDir ../RPT/
  mmmc -expandedViews
timeDesign -postRoute -hold  -numPaths 1000 -outDir ../RPT/
  mmmc -expandedViews
```

在应用最终布线优化之前，检查设计中所有模式的建立和保持时间违例。如果有任何较大的时序违例（例如，大于 300 ps），将需要通过手动 ECO 的方式来消除。

例如，对于扫描捕获和扫描移位模式来说，有很大的保持时间违例是很常见的。从 ECO 的角度来看，修复扫描移位保持时间违例是非常简单的。

需要将 delay cell 或 buffer cell 添加到有时序违例触发器的扫描输入端口（例如，触发器或 SI 的扫描输入），以便在不影响任何功能模式和保持时间的情况下修复扫描移位模式下的时序违例，其原因是所有触发器背靠背（即扫描链）绕过它们之间的所有组合逻辑。因此，根据电路的结构，在扫描移位模式下这些触发器之间不存在建立时间违例。

图 7.6 显示了在扫描移位模式下修复保持时间违例的示例。

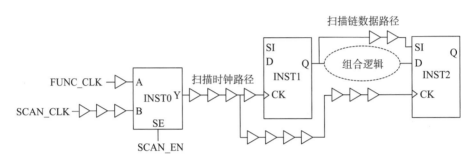

图 7.6 扫描移位模式下的保持时间违例修复

需要注意的是，在 INST2 的 SI 输入上添加了两个缓冲器，以便解决扫描时钟在 INST1 和 INST2 之间偏差而导致的保持时间冲突。

然而，修复扫描捕获保持时间违例并不像扫描位移模式下的 ECO 那样简单。

在扫描捕获模式下，两个给定触发器之间的组合逻辑是不能直通（bypass）的，这样就可以捕捉到设计中的制造缺陷。

当扫描时钟作为功能时钟使用时，在扫描捕获模式下保持时间违例修复时就会出现问题。在功能模式下，建立时间和保持时间的修复通常在多时钟的情况下进行。由于在扫描捕获模式下保持时间修复使用单个时钟，这将导致功能模式下建立时间修复可能会被打断。然后，当试图修复功能模式下的建立时间违例时，扫描捕获模式下的保持时间修复可能会被打断。

在扫描捕获模式下，只有一个时钟（即扫描时钟）用于执行所有组合逻辑以确定制造故障。不同功能时钟之间的时钟偏差会导致扫描捕获模式下的保持时间违例。

图 7.7 显示了扫描捕获模式下功能时钟和扫描时钟的差异。

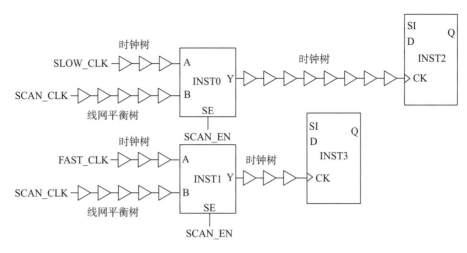

图 7.7 扫描捕获模式下功能时钟和扫描时钟的差异

对违规触发器的数据输入（如 D 输入）增加延迟或缓冲单元通常用于修复扫描捕获模式下的保持时间违例。然而，这可能会增加功能模式下建立时间违例的可能性（例如，慢时钟和快时钟）。

在典型的物理设计方法中，这可能需要手动 ECO 操作，从而修复功能时钟偏差导致的保持时间违例（扫描捕获模式）和建立时间违例（功能模式）。

在图 7.7 所示的示例中，在功能模式（SLOW_CLK）期间，有 11 个时钟缓冲器，而对于另一个时钟（FAST_CLOCK），只有 6 个时钟缓冲器。

虽然在功能模式下的建立时间和保持时间约束中，时钟偏差是可以接受的，但这违反了扫描捕获模式下的时序约束，在扫描捕获模式下通常要求所有时钟之间没有偏差（因为只有一个扫描时钟）。

正如第 5 章所讨论的那样，解决这个问题的一个补救方法是在对功能模式影响最小的情况下，针对扫描时钟使用平衡的高扇出网络。物理设计师可以通过在扫描复用器的输入端添加缓冲器或延迟单元来调整扫描时钟的偏差（例如，输入 B 的 INST0 和 INST1）。

图 7.8 显示了如何在放置阶段使用扫描时钟选择器（即选择一个平衡的网络 B 输入），与图 7.7 相比，不影响功能时钟树结构（即在扫描时钟选择器模组的 Y 输出后为触发器的 D 输入添加缓冲区）。

对比图 7.7（ECO 之前）和图 7.8（ECO 之后）可以看到，扫描 MUX（INST1）的输入 B 按顺序添加了 5 个缓冲器，使慢时钟触发器和快时钟触发器之间的扫描时钟偏差最小化，这样做不会影响功能时钟树结构。通过计算扫描时钟路径的时序，可以看出没有扫描捕获触发器（即 INST2 和 INST3）的时序违例，因为它们具有相同的延迟和非常小的扫描时钟（SCAN_CLK）偏差。

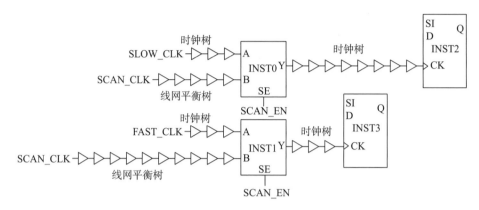

图 7.8 手动 ECO 扫描时钟均衡示例

一旦所有较大的建立时间和保持时间违例被清理，就执行 postRoute 优化部分。两者之间的唯一区别是 MMMC 在此步骤中被激活用于设计时序优化。

最后的步骤是导出完整的互连 RC 提取（如慢速和快速工艺）、最终网表（包含 CTS），用于 STA、门级仿真、IR 分析、动态功耗和噪声分析。

最后一步是插入填充单元（即 decap 单元和金属 ECO 单元），目的是验证设计连接性、几何形状和是否存在天线效应问题。所有问题都需要解决。

用于解决天线效应问题的最常用技术是减少连接到晶体管栅极的外围金属长度。同一种金属类型的连线被分割成不同的几段，将这些不同类型的金属连接起来（图 7.9）。另一种解决方法是插入保护二极管。

需要注意的是，修复天线效应时额外插入的金属因过孔是高电阻类型的，将增加金属连线的电阻，从而影响相关金属连线上的寄生参数和时序。

因此，强烈建议在修复天线效应违例后再提取寄生网络。

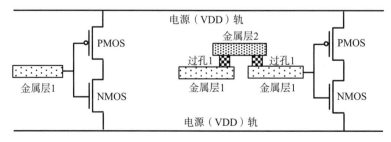

图 7.9 金属层修复天线效应示意图

7.7 最终布线和MMMC脚本

最终布线和时序优化脚本如示例 7.3 和示例 7.4 所示。

示例 7.3

```
### 环境建立 ###
source /project/moonwalk/implementation/physical/TCL/
  moonwalk_config.tcl

### 布线初始化 ###
restoreDesign ../MOONWALK/cts.enc.dat moonwalk
source /project/moonwalk/implementation/physical/TCL/
  moonwalk_setting.tcl

generateVias

### 关闭 SVT/LVT 单元进行布线（即高泄漏）###
### 如果性能需要，可以打开这些选项 ###

foreach cell [list {svt*/*} ] { setDontUse $cell true }
foreach cell [list {lvt*/*} ] { setDontUse $cell true }

### 由于高固有延迟而关闭用于布线的低泄漏单元 ###
foreach cell [list  {LL_*/*} ] { setDontUse $cell true }

set_interactive_constraint_modes [all_constraint_modes -active]

set_analysis_view -setup [list setup_func] -hold
  [list hold_func]

setNanoRouteMode -routeTopRoutingLayer 12
setNanoRouteMode -routeWithLithoDriven false
setNanoRouteMode -routeWithTimingDriven false
setNanoRouteMode -routeWithSiDriven true
setNanoRouteMode -droutePostRouteSpreadWire false
```

```
setSIMode -deltaDelayThreshold 0.01 -analyzeNoiseThreshold 80
  -fixGlitch false


setOptMode -addInstancePrefix INT_FRT_


set active_corners [all_delay_corners]
setAnalysisMode -analysisType onChipVariation -cppr setup


set_interactive_constraint_modes [all_constraint_modes -active]
source /project/moonwalk/implementation/physical/TCL/
  moonwalk_clk_gate_disable.tcl


routeDesign


timeDesign -postRoute -prefix INT_FRT -expandedViews -numPaths
  1000 -outDir ../RPT/frt


saveDesign ../MOONWALK/int_frt.enc -compress
```

制造 DFM 设计（可选）

```
#setNanoRouteMode -droutePostRouteSpreadWire true -routeWith
  -TimingDriven false
#routeDesign -wireOpt
#setNanoRouteMode -droutePostRouteSwapVia multiCut
#setNanoRouteMode -drouteMinSlackForWireOptimization <slack>
#routeDesign -viaOpt
#setNanoRouteMode -droutePostRouteSpreadWire false -routeWith
  -TimingDriven true
```

设计布线优化

```
setNanoRouteMode -drouteUseMultiCutViaEffort medium
setAnalysisMode -analysisType onChipVariation -cppr both
setDelayCalMode -SIAware true -engine default
setExtractRCMode -engine postRoute -coupled true -effortLevel
  medium


set_interactive_constraint_modes [all_constraint_modes -active]
```

```
set_propagated_clock  [all_clocks]


setOptMode -addInstancePrefix FRT_


optDesign -postRoute -setup  -prefix FRT


setOptMode -addInstancePrefix FRT_HOLD_

### 开启低泄漏单元以优化保持时间 ###
foreach cell [list  {LL_*/*} ] setDontUse $cell false }


Source /project/moonwalk/implementation/physical/TCL/
  moonwalk_setting.tcl


setDontUse dly2d1 false
setDontUse dly3d1 false


setOptMode -holdFixingCells { LLbufd2 LL_bufd3 LL_bufd4
  dly2d1 dly3d1 }


set_interactive_constraint_modes [all_constraint_modes -active]
source /project/moonwalk/implementation/physical/TCL/
  moonwalk_clk_gate_disable.tcl


optDesign -postRoute -hold


timeDesign -postRoute -hold -prefix OPT_FRT -expandedViews
  -numPaths 1000 -outDir ../RPT/frt
timeDesign -postRoute -prefix OPT_FRT -expandedViews -numPaths
  1000 -outDir ../RPT/frt


saveDesign -tcon ../MOONWALK/opt_frt.enc -compress

### 开启 SVT/LVT 单元进行时序优化，其在初始时关闭 ###
foreach cell [list  {svt*/*} ] { setDontUse $cell false }
```

```
source /project/moonwalk/implementation/physical/TCL/
  moonwalk_setting.tcl
set_interactive_constraint_modes [all_constraint_modes -active]
source /project/moonwalk/implementation/physical/TCL/
  moonwalk_clk_gate_disable.tcl


set_interactive_constraint_modes [all_constraint_modes -active]
set report_timing_format {instance cell pin arc fanout load
  delay arrival}
set_propagated_clock [all_clocks]


optDesign -postRoute -setup


### 泄漏优化 ####
report_power -leakage
optLeakagePower
report_power -leakage -power_domain all -outfile ../RPT/power.rpt


### SI优化（可选）####
#set_interactive_constraint_modes [all_constraint_modes -active]
#setAnalysisMode -analysisType onChipVariation -cppr both
#setDelayCalMode -SIAware false -engine signalstorm
#setSIMode -fixDRC true -fixDelay true -fixHoldIncludeXtalkSetup
  true -fixGlitch false
#setOptMode -fixHoldAllowSetupTnsDegrade false
  -ignorePathGroupsForHold {reg2out in2out}
#setOptMode -addInstancePrefix FRT_SI
#optDesign -postRoute -si
#timeDesign -postRoute -si -expandedViews -numPaths 1000
  -outDir ../RPT/frt -prefix FRT_SI
#setAnalysisMode -honorClockDomains true
#setOptMode -addInstancePrefix FRT_SI_HOLD


#optDesign -postRoute -si -hold


#timeDesign -postRoute -si -hold  -prefix FRT_SI
  -expandedViews -numPaths 1000 -outDir ../RPT/frt
```

```
#timeDesign -postRoute -si  -setup -expandedViews -numPaths
  1000 -outDir ../RPT/frt -prefix FRT_SI
#saveDesign ../MOONWALK/frt_si.enc -compress
```

完成布线阶段
```
setNanoRouteMode -droutePostRouteLithoRepair false

setNanoRouteMode -drouteSearchAndRepair true
globalDetailRoute

timeDesign -postRoute -hold -prefix FRT -expandedViews
  -numPaths 1000 -outDir ../RPT/frt
timeDesign -postRoute  -setup -prefix FRT -expandedViews
  -numPaths 1000 -outDir ../RPT/frt


saveDesign -tcon ../MOONWALK/frt.enc -compress
```

Delete Empty Modules During Netlist Optimization to
  prevent Physical Verification issue ###
```
deleteEmptyModule
saveDesign -tcon ../MOONWALK/frt.enc -compress


setFillerMode -corePrefix FILL -core "Add List of Filler cells
  :metal ECO, Decap Filler Cells"
addFiller


verifyConnectivity -noAntenna
verifyGeometry
verifyProcessAntenna


saveDesign -tcon ../MOONWALK/moonwalk.enc -compress


summaryReport -noHtml -outfile ../RPT/frt/moonwalk_
  summaryReport.rpt
```

通过层次模块生成面积报告

```
#reportGateCount -limit 1  -level 8 -outfile ../RPT/frt/
  moonwalk_areaReport.rpt


defOut -floorplan /project/moonwalk/implementation/physical/
  def/moonwalk_flp.def
if { [info exists env(FE_EXIT)] && $env(FE_EXIT) == 1 } {exit}
```

示例 7.4

```
#### 设置环境 ###
source /project/moonwalk/implementation/physical/TCL/
  moonwalk_config.tcl


#### 多模多角（MMMC）设置 ###
restoreDesign ../MOONWALK/frt.enc.dat moonwalk
source /project/moonwalk/implementatio/physical/TCL/
  moonwalk_set-ting.tcl


generateVias


saveDesign ../MOONWALK/frt_no_mmc_opt.enc  -compress


### 应用 MMMC ECO 前取消注释 ###
#setEcoMode -honorDontUse true -honorDontTouch true
  -honorFixed -Status true
#setEcoMode -refinePlace true -updateTiming true -batchMode false


set_analysis_view -setup [list setup_func] -hold [list
  hold_func hold_scanc hold_scans]


set_interactive_constraint_modes [all_constraint_modes -active]
update_constraint_mode -name setup_func_mode -sdc_files
  [list /project/moonwalk/implementation/physical/SDC/
  moonwalk_func.sdc]
create_analysis_view -name setup_func -constraint_mode
  setup_func_mode -delay_corner slow_max


update_constraint_mode -name hold_func_mode -sdc_files
  [list /project/moonwalk/implementation/physical/SDC/
```

```
  moonwalk_func.sdc]
create_analysis_view -name hold_func -constraint_mode
  hold_func_mode -delay_corner fast_min


update_constraint_mode -name hold_scans_mode -sdc_files
  [list /project/moonwalk/implementation/physical/SDC/
  moonwalk_scans.sdc]
create_analysis_view -name hold_scans -constraint_mode
  hold_scans_mode -delay_corner fast_min


update_constraint_mode -name hold_scanc_mode -sdc_files
  [list /project/moonwalk/implementation/physical/SDC/
  moonwalk_scanc.sdc]
create_analysis_view -name hold_scanc -constraint_mode
  hold_scanc_mode -delay_corner fast_min


set_analysis_view -setup [list setup_func ] -hold [list
  hold_func hold_scanc hold_scans ]


set_interactive_constraint_modes [all_constraint_modes -active]
source /project/moonwalk/implementatio/physical/TCL/
  moonwalk_clk_gate_disable.tcl


set_interactive_constraint_modes [all_constraint_modes -active]
set report_timing_format {instance cell pin arc fanout load
  delay arrival}
set_propagated_clock [all_clocks]
```

在应用 MMMC 之前生成建立时间和保持时间报告以进行分析

```
timeDesign -setup -postRoute -numPaths 1000 -outDir ../RPT/
  mmc -expandedViews
timeDesign -hold   -postRoute -numPaths 1000 -outDir ../RPT/
  mmc -expandedViews


setOptMode -addInstancePrefix MMC_


optDesign -postRoute
timeDesign -postRoute -setup -numPaths 1000 -outDir ../RPT/
```

```
    mmc -expandedViews
timeDesign -hold -postRoute -numPaths 1000 -outDir ../RPT/mmc
    -expandedViews


setDontUse dly2d1 false
setDontUse dly3d1 false


setOptMode -holdFixingCells { LL_bufd2 LL_bufd3 LL_bufd4
    dly2d1 dly3d1}


setOptMode -fixHoldAllowSetupTnsDegrade false
    -ignorePathGroups -ForHold {reg2out in2out}


optDesign -hold -postRoute
optDesign  -setup -postRoute
timeDesign -postRoute -hold -outDir ../RPT/mmc -numPaths 1000
    -expandedViews
timeDesign -postRoute -setup -outDir ../RPT/mmc -numPaths
    1000 -expandedViews


saveDesign -tcon ../MOONWALK/frt.enc -compress
saveDesign -tcon ../MOONWALK/moonwalk.enc -compress
```

7.8 总 结

本章讨论了最终的布线和时序优化。此外，描述了如何充分利用 MMMC 方法。

同时进行功能和测试模式设计，从而尽量减少 ECO 次数。最后详细讨论了布线的设计过程——初始布线设计、设计布线时序优化以及 MMMC 的时序收敛。

讨论的其他主题是电迁移问题和如何避免及消除；耦合电容单元的设计及其使用；使用金属可编程单元进行 ECO，以避免改变 FEOL 层；使用 BEOL 层进行通用单元设计，方便更改逻辑功能。

最后给出完整的最终布线和 MMMC 脚本示例。

参考文献

［ 1 ］ K Golshan.Physical Design Essentials, an ASIC Design Implementation Perspective.New York:Springer Business Media, 2007.

［ 2 ］ J Lienig, M Thiele.The pressing need for electromigration-aware physical design, in Proceedings of the International Symposium on Physical Design (ISPD).March 2018.

［ 3 ］ J R Black.Electromigration-a brief survey and some recent results, in Proceeding IEEE International Reliability Physics Symposium.December 1968.

第 8 章　设计签收

ASIC 设计签收是设计实现的最后阶段。芯片在大规模生产之前，需要进行验证和确认，这个过程通常被称为流片（tape-out，TO）。

验证和确认在签收过程中是至关重要的。这个阶段的任何失败不仅会影响上市时间，而且代价也非常高昂。对于先进工艺节点技术来说尤其如此，因为芯片的制造过程是非常昂贵和耗时的。

ASIC 设计验证是 TO 前的一个过程，根据其设计规范进行测试（或验证）。随着设计的发展，从设计架构 / 微架构定义开始，设计验证贯穿始终。验证的主要目标是确保 TO 前设计的功能正确性。然而，随着工艺节点技术的不断进步，设计的复杂性日益增加，验证的范围也在不断发展，甚至包括比功能更多的内容，例如性能和功耗目标的验证。

尽管 RTL（register translation language）仿真仍然是验证的主要工具，但其他方法，比如形式验证（RTL 到 pre-layout、pre-layout 到 post-layout、RTL 到 post-layout）、功耗分析仿真（静态和动态功耗分析）、仿真 /FPGA 原型验证、STA 和门级仿真（GLS）检查可用于有效验证设计的各个方面，包括 TO 前的物理验证。

ASIC 验证是对制造出的 ASIC 进行测试的过程，保证所有功能的正确性。使用实际的 ASIC 芯片组装测试板或参考板，以及所有其他组件构成系统级测试环境，目标是验证客户在真正的系统使用中可能用到的 ASIC 芯片的所有用例。

设计首先针对 ASIC 的单个功能和接口进行，它通常运行在真实的软件 / 应用程序中，并对所有的芯片功能进行测试。

设计验证团队通常由硬件工程师和软件工程师组成，因为整个过程需要在系统级环境（在硬件上运行真实的软件）中验证 ASIC 芯片的各项指标。

尽管设计验证是硅工艺加工之后的一个阶段，但一些公司在更广泛的意义上使用"验证"一词，验证可以分为 IC 可用之前和 IC 可用之后。因此，验证也可分为硅前验证（ASIC 可用之前）和硅后验证（ASIC 可用之后）。

需要注意的是，检测和修复 ASIC 设计错误的成本会随着产品从设计到最终交付呈指数级增长。例如，如果在设计阶段修复一个问题或错误需要花费 N 个单位，在现场测试期间，这个问题可能需要花费 $1000N$（这是一个任意的规模，取决于不同的组织结构和商业模型）才能解决。图 8.1 说明了在不同的 ASIC 设计阶段发现设计缺陷的成本。

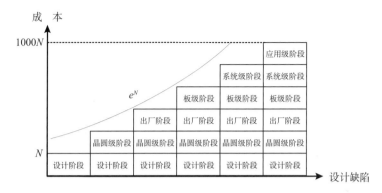

图 8.1 发现设计缺陷的成本

8.1 形式验证

形式验证或逻辑等价性检查（LEC），是指一种从数学上验证两个设计描述具有相等的功能，LEC 提供了一个形式化的证明，证明综合和物理设计工具的输出结果与原始 RTL 代码相匹配。LEC 的验证过程不需要运行仿真程序就可以实现这种逻辑等价性验证。

ASIC 设计经过各种步骤，比如综合、物理设计、设计签收、ECO 和大量的优化，然后才能投入生产。在每个设计阶段，都需要确保逻辑功能完好无损，不会因为任何自动或手动更改而发生改变。如果功能在这个过程中的任何时候发生变化，整个芯片都会出现故障。因此 LEC 是芯片设计中最重要的检查之一。

一般来说，LEC 过程分为三个阶段——设置、映射和比较。

在设置阶段，LEC 工具读取两个设计描述——参考设计描述和修订设计描述。参考设计描述是 RTL 或综合后（例如，pre-layout）的网表，修订设计描述通常是布线之后（例如，post-layout）的网表。

此外，LEC 的执行需要一个库列表（例如，标准单元及宏）和形式验证约束。这些验证约束包括诸如忽略指定的单元、某些扫描连接，以及输入/输出引脚等。

从设置阶段过渡到映射阶段，参考设计描述和修订设计描述被打平（去掉层次化）的同时被映射到以下关键点：

·寄存器（触发器和锁存器）。

·主要输入和输出。

・悬空信号。

・修订设计说明中的分配语句。

・黑匣子。

在映射阶段,LEC工具映射关键点并进行比较,如果存在差异,则生成报告。

通常,映射分为两种类型,一种是基于名称的,另一种是非基于名称的。基于名称的映射用于门到门映射,例如,预布局和后布局网表。非基于名称的映射在参考设计描述和修订设计描述具有完全不同的名称(例如,例化和线)时非常有用。

在此阶段未映射的关键点是:

・额外 / 附加(参考或修订设计中的关键点)。

・不可达(不可观测的关键点,如主要输入)。

・未映射(在没有相应实例的情况下可观察到的例化 / 线)。

在比较阶段,LEC工具将参考设计和修订设计进行比较,关键点如下:

・等效。

・非等效。

・反向等效。

・中止。

图 8.2 显示了 LEC 流程。

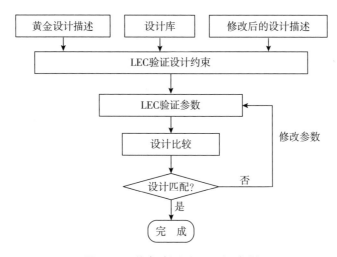

图 8.2 形式验证(LEC)流程

需要注意的是，签收过程中出现关键的逻辑故障将导致 ASIC 的生产推后。有时，在进行手动修复或时序修复 ECO 时，特别容易发生逻辑连接故障。

由于 MMMC 方法的使用最大限度地减少了手动 ECO，因此通过使用 MMMC，可以保障形式验证的正确性。

8.2 时序验证

STA 是 ASIC 设计验证的另一个重要组成部分。然而，由于在时序优化方面的复杂性，这个古老的问题一直是工程师的挑战。由于物理设计和 STA 工具使用不同的时序分析引擎，这种误相关性将对时序签收产生重大的影响。

解决误相关性问题的唯一选择是在物理设计阶段对这个问题进行解决，以免在时序签收阶段出现不一致。在执行时序分析之前，需要从物理设计工具导出提取文件（SPEF）和网表（Verilog）。

时序验证和优化中最常见的关键路径如下：

·输入到寄存器路径。

·寄存器到寄存器路径。

·寄存器到输出路径。

·输入到输出路径。

图 8.3 显示了设计中最常见的时序路径。

为了了解物理设计和 STA 工具之间这些时序不匹配的本质，需要两个工具都报告相同起点和终点的具有时序违例的给定路径（即具有负的 SLACK 的建立时间 / 保持时间）。

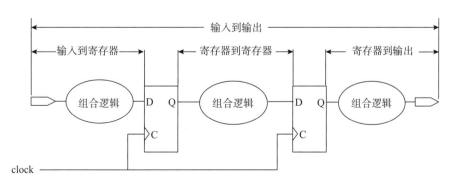

图 8.3 常见的时序路径

具有相同的起点和终点但路径不同，则结论是无效的。同时需要确认两条路径使用相同的设计约束。

一旦物理设计和 STA 工具的结果相关，则任何建立时间和保持时间的违例都需要通过 ECO 的方式去修复，最终的结果以 STA 工具的结果为准。

功耗是先进工艺节点最关键的设计指标之一，添加过多的逻辑单元以确保在时序签收时将时序违例降至最低不是一个非常好的选择。过多的逻辑单元会导致设计功耗增加并使用更多的面积。反过来，这将要求重复整个物理设计流程。

由于物理设计和 STA 工具时序引擎的不同，时序的签收过程变得异常复杂，需要非常多的时序迭代过程才能满足时序签收的要求。事实上，STA 签收时，无法获得相关的详细物理信息（例如，标准的 ECO 流程）。放置缓冲器和反相器，以及放大 / 缩小标准单元的驱动能力成为 ECO 阶段的主要手段。

高面积利用率的设计本身就缺乏空余的面积，因此，新增的 ECO 单元（例如，缓冲器和反相器）的放置由于优化算法的差异出现巨大的不同，这将导致在优化过程中假设的互连寄生提取与 ECO 单元的实际放置和布线之间存在显著的不匹配。

ECO 单元的放置存在潜在的不确定性，这种潜在的不确定性将影响基于标准 ECO 签收流程的假设，例如，ECO 单元放置可能影响到已经满足时序的路径。

不仅对时序的影响未知，也不可能分辨出哪一种路径将受到 ECO 的影响。在面积利用率高的设计中，ECO 单元可能不会被放置在它们应该放置的地方，这可能会导致在对插入的 ECO 单元进行布线和放置合法化后，以前一直时序干净的路径可能出现时序违例现象。

这里只是使用标准设计流程的一些问题。为了解决这些相关问题，建议使用 MMMC 流程。

应该注意的是，在 ASIC 设计时序签收期间进行时序优化仅限于 ASIC 设计的逻辑视图，因此，对插入 ECO 单元的位置做出了与实际物理设计完全不同的假设。了解单元的位置、可用的空余面积，以及在时序优化过程中可以预见的由线路拓扑结构的变化导致的设计的变化，不仅可以产生质量更佳的 ECO，同时也可以最大限度降低对已经满足时序要求的路径的影响。

因此，除了使用 MMMC 流程之外，强烈建议物理设计工程师和 STA 工程师是同一个人，负责从实施到先进工艺节点签收的整个物理设计过程。一个负责整个物理设计过程的工程师可以提供更佳的结果。

如今的设计收敛要求物理设计工具的时序引擎与签收 STA 工具的时序引擎一样工作。通过这种方式，可以在向 ECO 提交更改之前执行"假设"分析。EDA 工具提供的解决方案从签收结果开始，但缺乏通过迭代签收工具来执行"假设"分析的工具。使用 MMMC 方法，在物理设计期间（即在最终布线完成之后）修复所有设计时序违例，可以明显减少 ECO 迭代的次数。这样就可以完成时序收敛的最后一块拼图（即物理感知）。

使用物理设计工具来完成时序收敛（即物理感知）可以降低在放置和布线过程中的不确定性，减少 ECO 的次数。

重要的是，要注意使用签收 STA 工具（即非物理感知）不应用于 ECO 的实施，它应该仅用于检查结果质量（QoR）。

另一个需要考虑的重要因素是计算能力。先进节点的复杂性增加了物理设计和验证运行时间，这已经成为 ASIC 设计的核心问题之一。例如，物理和时序分析工程师必须运行每个工作模式和工艺角组合。最快的解决方案是并行运行，把任务分发在一个计算机群中对工作模式和工艺角进行建模。

通过捆绑合并一些工艺角可能会有一些机会来简化约束条件，但是温度反转效应会影响单元延迟和相移掩模，这点在 20nm 及以下尤其明显。人们永远无法确定工艺角覆盖了所有在预期最佳和最坏情况之间的违规路径。今天，详尽的时序分析和优化是推荐的方法，以确保设计在所有可能的操作条件下工作。

一旦将所有工艺角分配给各个服务器，单个工作模式单个工艺角所需的纯粹处理时间就变成了瓶颈。物理设计、验证（即时序和物理设计）和寄生参数提取工具也必须是支持多 CPU 架构和多核处理的。

现在主流的 EDA 工具可以很好地扩展到支持四核到八核。虽然今天的部分时序收敛流程可以扩展到八核以上，但是考虑到整体时序优化流程，八核以上的加速性能回报可以忽略不计。

可用的 CPU 核心数量成为大型先进工艺的 ASIC 设计的必备条件，特别是那些包含多达 16 核的服务器。因为可伸缩性在很大程度上是由多线程处理步骤的百分比决定的，仅仅支持部分时序优化和部分支持寄生参数抽取是远远不够的。

例如，从导入设计到报告或生成输出文件的所有步骤都必须是多线程的，这是因为对多个视图进行优化时，时序优化的能力在实现（例如，物理设计和STA）工具中受到限制。

大多数 EDA 供应商建议优化工作模式和工艺角的子集，以避免超出其 EDA 工具的容量限制。当 ASIC 设计的时序优化超过 100 个模式角（mode corners）时，最关键的能力是构建一个共同的表示所有工作模式和工艺角的时序图。

减小工作模式和工艺角不能损失精度或漏失时序端点。否则，时序修复的成功率就会变得不准确，而且收益可以忽略不计。物理实现时序引擎和 STA 签收时序引擎之间的不相关会增加完成设计所需的 ECO 迭代次数。用户将充分利用时序属性和时序签收报告来定制时序优化的解决方案。

因为现在复杂的 ASIC 设计有许多工作模式和工艺角，必须有一个通用的脚本来为所有设计生成所有需要实施的STA脚本，这确保了 STA 流程的正确性。

例如，build_sta.tcl（这个 Perl 脚本显示在时序签收脚本中）生成以下脚本，为 STA 提供所有必要的脚本：

- 每个设计库的项目环境文件（例如，快速和慢速）。
- 多模式和多工艺角的项目约束文件。
- run_sta.tcl：用于分析多工作模式和多工艺角的设计时序。
- sta_setup.env：所有工作模式和工艺角的文件，由 sta.sh 产生。
- sta_sh：用于执行基于 setup.env 的文件。
- run_all：STA 命令，用于执行时序分析。

例如，下面显示了 /project/moonwalk/implementation/timing/ENV 目录下 moonwalk 项目的环境文件，该文件包含每个角落的所有项目相关的时序库（即 .lib）文件的路径。

最佳工艺角的配置如示例 8.1 所示。

示例 8.1

```
### 最佳环境案例 ###
set STDCELL_LIB_FF stdcells_m40c_1p1v_ff
set IOCELL_LIB_FF  io35u_m40c_1p8v_ff
```

```
### 默认最大上限 / 传输限制 ###
set MAX_CAP_LIMIT          0.350 ;  # 350ff
set MAX_TRANS_LIMIT        0.450  ; # 450ps


### 设置搜索路径和库 ###
read_lib [list/common/libraries/node20/lib/stdcells/
   stdcells_m40c_1p1v_ff.lib/common/IP/G/node20/pads/lib/
   io35u_m40c_1p8v_ff.lib/common/IP/G/node20/PLL/lib/
   node20_PLLm40c_1p1v_ff.lib/project/moonwalk/implementation/
   physical/mem/RF_52x18/RF_52x18_m40c_1p1v_ff.lib ]


### 设置延迟计算和 SI 变量 ###
set_si_mode -delta_delay_annotation_mode arc -analysisType
   aae -si_reselection delta_delay -delta_delay_threshold 0.01
set_delay_cal_mode -engine aae -SIAware true
set_global  timing_cppr_remove_clock_to_data_crp true
```

示例 8.2 是用于为 ASIC 设计的每个工作模式和工艺角生成执行 STA 的 run_all 命令。这个例子针对最差情况（MAX）和最优情况（MIN）配置了存储器内建自测试（MBIST）、扫描捕获模式和扫描移位模式。示例 8.2 可以根据项目的设计需求扩展到更多的工作模式和工艺角。

示例 8.2

```
STA.sh moonwalk func setup max moonwalk
STA.sh moonwalk func hold min moonwalk
STA.sh moonwalk func hold max moonwalk
STA.sh moonwalk mbist hold min moonwalk
STA.sh moonwalk mbist setup max moonwalk
STA.sh moonwalk func setup max moonwalk
STA.sh moonwalk scanc hold min moonwalk
STA.sh moonwalk scanc hold max moonwalk
STA.sh moonwalk scans hold min moonwalk
```

一旦 STA 完成且没有时序违例，就会执行生成用于基本门级仿真的标准延迟格式文件（SDF）。

在门级仿真过程中发生的设计时序违例通常是由于不正确的设计约束造成的。为了终止时序违例，设计约束需要修正，STA 也需要重做。

全面的门级仿真需要较长的仿真时间，甚至可以在 TO 之后继续进行。

TO 之后，启动 FEOL（基础层）生产并将工艺停在接触层（contact layer），这是一个常见的做法。

如果全面的门级仿真显示设计中有一个 bug 或在多处出现时序违例，则需要使用备用单元或金属 ECO 库，并在不破坏现有设计时序的情况下执行 ECO 操作。

8.3　物理验证

物理验证是任何 ASIC 物理设计在提交设备制造商之前的最后阶段。物理验证的主要目的是确保 ASIC 设计的功能性，并最大限度地降低制造过程中的风险。

全面的物理验证可能是一个迭代过程。它的时间消耗与设计的大小呈线性关系，与 EDA 工具可以使用的内存的数量呈次线性关系。当今先进的 ASIC 设计实现挑战之一就是减少物理设计验证过程中的迭代次数，通过各种手段提高物理验证过程中的数据吞吐量。

先进工艺节点的标准单元面积的急剧下降和布线层数的增加，极大地增加了物理验证中的 GDSII 文件的大小。与此同时，先进工艺节点的设计规则也变得更加复杂。验证如此众多的数据和设计规则，给 EDA 软件和计算机硬件带来非常大的压力。

因此，为了提高物理验证和调试程序的效率，建议采用正确的构造方法确保 ASIC 的物理设计和实施。

一个顺利的物理设计过程需要执行以下步骤：

（1）从物理设计导出部分 GDS（只包含单元的抽象和互连）数据库。

（2）在 GDSII 数据库中导入实际物理设计的 GDSII 或 DFII。

（3）导出最终合并后的 GDSII。

（4）转换布局后的网表，包括 decap 单元和 Filler 单元（CDL 格式）。

布线后网表到 CDL 网表转换过程中最常见的问题之一是 IP 或存储器的 Spice 模型名称的不匹配。

网表转换完成后，强烈建议检查模型类型以确保它们是相同的。示例 8.3 是使用 PMOS 和 NMOS 晶体管模型的一个反相器的 CDL 示例。如果外部实例（存储器或 IP）使用不同的模型类型（例如，PM 和 NM 晶体管而不是 PMOS 和 NMOS 晶体管），则需要编辑最终的 CDL 网表以确保所有模型类型相同。

示例 8.3

```
$ Model Declaration
.model pmos_name PMOS
.model nmos_name NMOS

$ Inverter Netlist
.subcktinverter in out VDD VSS
mx0 out in VDD VDD  pmos_name w=WIDTH l=Length
mx1 out in VSS  VSS   nmos_name w=WIDTH l=Length
.end
```

在物理验证过程中进行以下检查：

· 版图和电路图一致性检查（LVS）。

· 设计规则检查（DRC）。

· 电气规则检查（ERC）。

LVS 用于检查两个电路（即实际版图和逻辑示意图）在连通性和晶体管总量方面是否相等。一个电路对应于晶体管级原理图或网表（参考），另一个电路则是从物理数据库（GDSII）中抽取。如果抽取出的电路等效于晶体管级的网表，则它们的功能是相同的。

LVS 的主要问题之一是需要重复迭代，以查找和消除所提取的网表与晶体管级网表（CDL）之间的不同。LVS 所涉及的内容包括来自物理数据库的 GDSII 数据输出、晶体管级生成的网表、LVS 运行、错误诊断和错误纠正。因此，LVS 期间的目标之一是尽可能缩短完成验证所需的时间。

最常见的 LVS 问题如下：

· 短路：两条或两条以上不应该连接的连线相连，最容易出问题的是电源和地之间的短路。

· 断路：应该连接的电线或部件悬空或只有悬空部分连接。

·组件不匹配：使用了不正确类型的组件（例如，器件晶体管类型 NMOS 与 NM）。

·缺失组件：在版图中遗漏了预期的组件，比如，decap cells。

·参数不匹配：CDL 网表中的组件可以包含属性。可以配置 LVS 工具去比较这些属性与所需的公差。如果不满足公差，则 LVS 运行将产生属性错误。在这种情况下，可以设置容差值（例如，2%）。

目前，有两种方法可以提高 LVS 收敛时间：

（1）考虑到机器的容量、性能及物理验证软件的类型，物理验证软件必须快速执行，并提供准确的结果，在发生错误时可以轻松追踪。

（2）考虑使用层次化验证而不是扁平化验证。

层次化验证的特点是最大限度地减少检查的数据量并通过使用层次化单元和黑盒来识别故障。

需要指出的是，虽然层次化验证比扁平化验证更加先进，但是 LVS 软件结合了层次化和扁平化的优点，远比单独的层次化或单独的扁平的方法效率高得多。

通过识别网表和版图之间匹配的组件（如标准单元库）、存储器和其他知识产权（IP）模块，LVS 工具可以在采用层次化的方法比较以上电路的同时，允许对其他设计（如模拟模块和宏单元）进行扁平化的比较。在这种情况下，设计的可调试性能得到了极大的提高。

最后，建议在设计的早期阶段就开始验证过程，以确保物理数据库是正确的。如今的大多数物理设计工具都可以无差错地完成放置与布线设计，最常见的 LVS 错误来源出现在布局阶段，并通常与电源和地的连接有关。电源和地短路或断路，会影响在 LVS 期间器件（晶体管）的识别，导致非常长的 LVS 执行时间。

设计规则检查（DRC）被认为是制备 ASIC 设计制造中使用的光掩模的处方。DRC 的主要目标是在没有设计可靠性损失的情况下获得最佳电路成品率。设计规则越保守，就越有可能实现正确的 ASIC 设计；设计规则越激进，收益损失的概率就越大。

DRC 软件在验证过程中使用所谓的 DRC 平台。有趣的是，随着工艺节点几何尺寸的减小，设计规则检查也会增加。换句话说，随着半导体制造变得越来越复杂，DRC 平台也变得越来越复杂。这些复杂的 DRC 平台必须以有效的方式组成。如果 DRC 没有在 DRC 平台中进行优化，则往往需要更多的机器运行时间和内存才能完成验证工作。

另一个考虑因素是在物理验证过程中使用综合的 DRC 平台。如果不使用综合的 DRC 平台进行物理验证，结果可能导致低产量或根本没有产量。

要使 DRC 进行全面的验证，必须确保 DRC 平台正确和准确地检查了所有的设计规则，能够正确识别并解决良率限制的问题。最常见的良率限制问题是：

· 天线效应引起的电荷积累。

· CMP 要求的多层平面度不足。

· 金属线机械应力。

· ESD 和闩锁。

在天线效应规则检查（ARC）期间，使用结合线电荷累积的比率计算。在比率计算中可以计算以下比率：

· 导线长度与相连栅极宽度的比值。

· 导线周长与相连栅极周长的比值。

· 导线面积与相连栅极面积的比值。

对于导线上的电荷积累，假设 N 是当前要蚀刻的金属层，可考虑以下方法：

· Layer N 连接到栅极。

· Layer N 加上下面的所有金属层形成通往栅极的路径。

· Layer N 加上第 N 层以下的所有层。

DRC 还可以用来检查 DFM（可制造性设计，例如，接触/过孔重叠及线路末端包围）。DFM 规则被认为是可选的，并且由芯片制造商提供。从产品良率的角度来看，DFM 检查是有益的。针对 DFM 规则违例的 ASIC 物理设计，尽可能多地纠正这些 DFM 违例，这些 DFM 违例的更改不会影响整个芯片的面积。

ERC 旨在对 ASIC 设计进行电气验证。与验证参考网表和提取的网表之间等价性的 LVS 不同，ERC 用来检查电气错误，如输入引脚开路或输出冲突。一个设计可以通过 LVS 验证，但可能无法通过 ERC 检查。

例如，如果参考网表中有一个未使用的输入端口，则提取的（布线后的）网表也将包含相同的网络结构。在这种情况下，LVS 过程将通过匹配两个电路而显示结果正确，而相同的电路将在 ERC 验证过程中显示错误（因为悬空输入门可能导致过度的静态电流泄漏）。

过去，ERC 用于检查手工绘制的原理图的质量。由于手工绘制的原理图不再用于数字设计，ERC 验证主要对物理数据进行验证。ERC 验证过程是一个用户自定义的验证，而不是通用验证。

用户可以定义许多用于验证的电气规则。这些规则可以像检查悬空导线一样简单，也可以更复杂，例如，识别 N 阱到电源或 P 阱到衬底的接触孔的数量、N 阱 CMOS 工艺中静电放电（ESD）的闩锁检查。

在 N 阱 CMOS 工艺中，PMOS 是制作在 N 阱内的，它们是孤立的并且被衬底隔离开，可以直接连接到电源；NMOS 是制作在衬底上的，大部分 NMOS 是不可能连接到电源的。

8.4　签收脚本

示例 8.4 是从物理设计工具导出 Verilog 网表进行时序分析、门级仿真（无电源和接地信息）和物理验证（有电源和接地信息）的 Tcl 脚本。此外，它还导出 DEF 文件用于功耗和噪声分析。

示例 8.4

```
### 环境建立 ###
source /project/implementation/physical/TCL/moonwalk_config.tcl

restoreDesign ../MOONWALK/moonwalk.enc.dat moonwalk
source /project/implementation/physical/TCL/moonwalk_setting.tcl

### 导出无电源和接地的网表 ###
saveNetlist /project/implementation/physical/NET/
  moonwalk_post_route_npg.v -topCell moonwalk
  -excludeLeafCell -excludeTopCellPGPort {VDD VSS}
  -excludeCellInst {artifacts}

### 导出带电源和接地的网表 ###
```

```
saveNetlist /project/implementation/physical/NET/
  moonwalk_post_route_pg.v -topCell moonwalk -excludeLeafCell
  -includePowerGround -includePhysicalCell dioclamp
  -excludeCellInst {LOGO}


### Export DEF ###
defOut /project/implementation/physical/DEF/-routing def/
  moon-walk.def


if { [info exists env(FE_EXIT)] && $env(FE_EXIT) == 1 } {exit}
```

示例 8.5 是用于网表到网表和基于 Tcl 的手动 ECO 脚本。

示例 8.5

```
### 环境建立 ###
source /project/implementation/physical/TCL/moonwalk_config.tcl


restoreDesign ../MOONWALK/frt.enc.dat moonwalk
source /project/implementation/physical/TCL/moonwalk_setting.tcl


generateVias


saveDesign -tcon ../MOONWALK/frt_before_eco.enc -compress


### 网表到网表 ECO ###
ecoDesign -noEcoPlace -noEcoRoute ../MOONWALK/frt_before_eco.
  enc.dat moonwalk ../moonwalk_after_eco.vg
addInst artifacts LOGO


### 将 LOGO 实例放回 ###
defIn ../../DEF/LOGO.def
ecoPlace


#### 基于 TCL 的 ECO ###
setEcoMode -honorDontUse false -honorDontTouch false
  -honorFixed -Status false
setEcoMode -refinePlace false -updateTiming false -batchMode true
```

```
setOptMode -addInstancePrefix ECO_
source ../PNR/eco.tcl
refinePlace -preserveRouting true
checkPlace


### ECO 布线 ###
setNanoRouteMode -droutePostRouteLithoRepair false
setNanoRouteMode -routeWithLithoDriven false
generateVias
ecoRoute
routeDesign
saveDesign -tcon ../DESIGNS/frt.enc -compress


setFillerMode -corePrefix FILL -core "List of Filler and
  de-cap cells"
addFiller


saveDesign ../MOONWALK/moonwalk.enc -compress


if { [info exists env(FE_EXIT)] && $env(FE_EXIT) == 1 } {exit}
exit
```

示例 8.6 是用于执行逻辑等价性检查的 Perl 脚本。

示例 8.6

```
#!/usr/local/bin/perl
use Time::Local;
$pwd = `pwd`;
chop $pwd;
$mode = 0777;


&parse_command_line;


$Output = $pwd.'/LEC';
unless(-e $Output) {
  print("Creating LEC directory...\n");
```

```
    mkdir($Output,$mode)
}


$Target = $pwd.'/LEC/INSTRUCTION';
unless(-e $Target) {
  open(Output,">$Target");
  print(Output "1. Edit env/\$TOP_MODULE_lib.tcl\n");
  print(Output "2. Edit env/\$TOP_MODULE_scan.tcl\n");
  print(Output "3. Edit net/*.f\n");
  print(Output "4. Comment out unnecessary runs in run_all\n");
  print(Output "5. Launch run_all\n");
  print("Created File: INSTRUCTION\n");
  close (Output);
  chmod 0777,$Target;
}


$Output = $pwd.'/LEC/net';
unless(-e $Output) {
  print("Creating NET directory...\n");
  mkdir($Output,$mode)
}


$Target = $pwd.'/LEC/net/'.$TopLevelName.'_rtl_files.f';
open(Output,">$Target");
print(Output "${pwd}/LEC/net/${TopLevelName}_rtl.v");
print("Created File: ./net/${TopLevelName}_rtl_files.f\n");
close (Output);
chmod 0777,$Target;


$Target = $pwd.'/LEC/net/'.$TopLevelName.'_pre_layout_
  netlist.f';
open(Output,">$Target");
print(Output "${pwd}/LEC/net/${TopLevelName}_pre.v");
print("Created File: ./net/${TopLevelName}_pre_layout_
  netlist.f\n");
```

```
close (Output);
chmod 0777,$Target;


$Target =$pwd.'/LEC/net/'.$TopLevelName.'_post_layout_
    netlist.f';
open(Output,">$Target");
print(Output "${pwd}/LEC/net/${TopLevelName}_cts.vg");
print("Created File: ./net/${TopLevelName}_post_layout_
    netlist.f\n");
close (Output);
chmod 0777,$Target;


$Output = $pwd.'/LEC/env';
unless(-e $Output) {
  print("Creating ENV directory...\n");
  mkdir($Output,$mode)
}


$Target = $pwd.'/LEC/env/'.$TopLevelName.'_scan.tcl';
open(Output,">$Target");
print(Output "//### Add Scan Conditions to Disable Scan
    ###\n\n");
print(Output "vpx add pin constraint 0 scan_mode -both\n");
print(Output "vpx add pin constraint 0 scan_enable -both\n");
print("Created File: ./env/${TopLevelName}_scan.tcl\n");
close (Output);
chmod 0777,$Target;


$Target = $pwd.'/LEC/env/'.$TopLevelName.'_lib.tcl';
open(Output,">$Target");
print(Output "//### Add ALL Libraries : Standard Cell,
    IOs,Memories, Analog macros ###\n\n");
print(Output "//Include Actual Library Names with Full Paths\
    n\n");
print(Output "vpx read library -statetable -liberty -both \\n");
print(Output "/Pointer to Standard Cell Libraries\\n");
```

```
print(Output "/Pointer to Input and Output Libraries\\\n");
print(Output " /Pointer to Memories and Analog Macros
  Libraries\n");
print("Created File: ./env/${TopLevelName}_lib.tcl\n");
close (Output);
chmod 0777,$Target;

$Target = $pwd.'/LEC/set_up_env.src';
unless(-e $Target) {
  open(Output,">$Target");
  print(Output "### LEC environments ###\n\n");

  print(Output "setenv PATH ${pwd}\n");
  print(Output "setenv LEC_DIR \$\{PATH\}/LEC\n");
  print(Output "setenv NET_DIR \$\{LEC_DIR\}/net\n");
  print(Output "setenv ENV_TCL_FILE \$\{LEC_DIR\}/env/\$\
    {TOP_MODULE\}_lib.tcl\n");
  print(Output "setenv ENV_SCAN_FILE \$\{LEC_DIR\}/env/\$\
    {TOP_MODULE\}_scan.tcl\n");
  print(Output "setenv Pointer to LEC Tool\n");
  print("Created File: ./set_up_env.src\n");
  close (Output);
  chmod 0777,$Target;
}

$Target = $pwd.'/LEC/LEC.sh';
unless(-e $Target) {
  open(Output,">$Target");
  print(Output "#!/bin/csh  -f\n");
  print(Output "# \$Id: \$\n\n");
  print(Output "set thisscript = \$\{0\}\n");
  print(Output "echo \"@@ Running \$\{thisscript\}...\"\n\n");
  print(Output "## Display Usage\n");
  print(Output "if ( (\$#argv < 3) || (\$#argv > 3) ) then\n");
  print(Output "echo \"\"\n");
  print(Output "echo \"Err\"\"or: Missing Argument(s)\"\n");
```

```
print(Output "echo \"Usage: > \$thisscript:t <module_name>
  <release_tag>\"\n");
print(Output "echo \"Example: > \$thisscript:t lhr_digital
  r1234\"\n");
print(Output "echo \"\"\n");
print(Output "exit\n");
print(Output "endif\n\n");
print(Output "setenv  TOP_MODULE\$1 \;\n");
print(Output "shift\n");
print(Output "setenv  MODE\$1 \;\n");
print(Output "shift\n");
print(Output "setenv  LABEL\$1 \;\n");
print(Output "shift\n\n");
print(Output "source set_up_env.src\n\n");
print(Output "setenv IMP \$LEC_DIR\n\n");
print(Output "setenv RTL_FILES \$\{TOP_MODULE\}_rtl_files\n");
print(Output "setenv PRE_NET_FILE \$\{TOP_MODULE\}_pre_
  layout_netlist\n");
print(Output "setenv PST_NET_FILE \$\{TOP_MODULE\}_post_
  layout_netlist\n\n");
print(Output "setenv RTL_FILE \$\{NET_DIR\}/\$\{RTL_
  FILES\}.f\n");
print(Output "setenv PRE_NET \$\{NET_DIR\}/\$\{PRE_NET_
  FILE\}.f\n");
print(Output "setenv PST_NET \$\{NET_DIR\}/\$\{PST_NET_
  FILE\}.f\n\n");
print(Output "setenv TOP_DIR \$\{IMP\}/\$\{TOP_MODULE\}\n");
print(Output "setenv CURRENT_REV \$\{TOP_DIR\}/\$\{LABEL\}\
  n\n");
print(Output "if (! -d \$\{TOP_MODULE\}) then\n");
print(Output "echo \"@@ Creating \$\{TOP_MODULE\}\"\n");
print(Output "mkdir -p \$\{IMP\}/ \$\{TOP_MODULE\}\n");
print(Output "endif\n\n");
print(Output "if (! -d \$\{CURRENT_REV\}) then\n");
print(Output "echo \"@@ Creating \$\{CURRENT_REV\}\"\n");
print(Output "mkdir -p \$\{CURRENT_REV\}\n");
print(Output "endif\n\n");
```

```perl
    print(Output "if (! -d \$\{CURRENT_REV\}/rpt) then\n");
    print(Output "echo \"@@ Creating \$\{CURRENT_REV\}/rpt\"\n");
    print(Output "mkdir -p \$\{CURRENT_REV\}/rpt\n");
    print(Output "endif\n\n");
    print(Output "if (! -d \$\{CURRENT_REV\}/log) then\n");
    print(Output "echo \"@@ Creating \$\{CURRENT_REV\}/log\"\n");
    print(Output "mkdir -p \$\{CURRENT_REV\}/log\n");
    print(Output "endif\n\n");
    print(Output "lec -nogui -xl -64 \$\{IMP\}/run_LEC.tcl | &
      tee \$\{CURRENT_REV\}/log/\$\{TOP_MODULE\}_run.log\n");
    print("Created File: ./LEC.sh\n");
    close (Output);
    chmod 0777,$Target;
}


$Target = $pwd.'/lec/run_LEC.tcl';
unless(-e $Target) {
  open(Output,">$Target");
  print(Output "tclmode\n\n");
  print(Output "vpx set undefined cell black_box\n\n");
  print(Output "vpx set undriven signal 0 -golden\n\n");
  print(Output "//vpx set analyze option -auto -ANALYZE_ABORT
    -effort high\n\n");
  print(Output "vpx dofile \$env(ENV_DO_FILE)\n\n");
  print(Output "// Read Pre-layout and Post-layout Netlist\
    n\n");
  print(Output "if \{\$env(MODE) == \"pre2pst\"\} \{\n");
  print(Output "vpx read design -verilog2k -golden -sensitive
    -file \$env(PRE_NET)\n");
  print(Output "vpx read design -verilog -revised -sensitive
    -file \$env(PST_NET)\}\n\n");
  print(Output "// Read RTL file & Pre-layout\n\n");
  print(Output "if \{\$env(MODE) == \"rtl2pst\"\} \{\n");
  print(Output "vpx read design -verilog2k -golden -sensitive
    -file \$env(RTL_FILE)\n");
  print(Output "vpx read design -verilog -revised -sensitive
    -file \$env(PRE_NET)\}\n\n");
```

```
print(Output "// Read RTL file and Post-layout Netlist\n\n");
print(Output "if \{\$env(MODE) == \"rtl2pst\"\} \{\n");
print(Output "vpx read design -verilog2k -golden -sensitive
    -file \$env(RTL_FILE)\n");
print(Output "vpx read design -verilog -revised -sensitive
    -file \$env(PST_NET)\}\n\n");
print(Output "vpx set root module \$env(TOP_MODULE) -both\
    n\n");
print(Output "vpx uniq -all -nolibrary -summary -gol\n\n");
print(Output "//vpx set mapping method -name first
    -unreach\n");
print(Output "//vpx set flatten model -gated_clock
    -hrc_verbose -NODFF_TO_DLAT_FEEDBACK  -nodff_to_dlat_zero
    -noout_to_inout -noin_to_inout\n");
print(Output "//vpx set datapath option -auto -merge\n\n");
print(Output "vpx set flatten model -gated_clock -seq_
    constant -seq_constant_feedback\n\n");
print(Output "vpx set compare option -allgenlatch\n");
print(Output "vpx set compare option -noallgenlatch\n");
print(Output "vpx set cpu limit 36 -hours -walltime
    -nokill\n");
print(Output "vpx set compare options -threads 2\n\n");
print(Output "vpx report black box -nohidden\n\n");
print(Output "//Disable Scan Mode \n\n");
print(Output "vpx source \$env(ENV_SCAN_FILE)\n\n");
print(Output "vpx set system mode lec\n\n");
print(Output "vpx remodel -seq_constant -seq_constant_
    feedback -verbose\n\n");
print(Output "vpx map key points\n\n");
print(Output "vpx add compare points -all\n\n");
print(Output "vpx analyze datapath -verbose -merge\n\n");
print(Output "// Effort Options: low, super, ultra,
    complete\n");
print(Output "vpx set compare effort super\n\n");
print(Output "vpx compare\n\n");
print(Output "vpx report compare data -noneq > \$env(IMP)/
    \$env(TOP_MODULE)/\$env(LABEL)/rpt/noneq_pre2pst.rpt\n");
```

```perl
    print(Output "vpx report unmapped points > \$env(IMP)/\
      $env(TOP_MODULE)/\$env(LABEL)/rpt/unmapped_pre2pst.rpt\n");
    print(Output "\n");
    print(Output "vpx save session -replace \$env(IMP)/\
      $env(TOP_MODULE)/\$env(LABEL)/session\n\n");
    print(Output "vpx exit -f\n");
    print("Created File: ./run_LEC.tcl\n");
    close(Output);
    chmod 0777,$Target;
}


$Target = $pwd.'/LEC/run_all';
if(-e $Target) {
  open(Output,">>$Target");
  print("Appended to File: ./run_all\n");
}
else {
  open(Output,">$Target");
  print("Created File: ./run_all\n");
}


print(Output "LEC.sh $TopLevelName pre2pst PRE2PST\n");
print(Output "LEC.sh $TopLevelName rtl2pre RTL2PRE\n");
print(Output "LEC.sh $TopLevelName rtl2pst RTL2PST\n");
close(Output);
chmod 0777,$Target;
print("Done\n");


sub parse_command_line {
  for($i=0; $i<=$#ARGV; $i++){
    $_ = $ARGV[$i];
    if(/^-t$/){$TopLevelName=$ARGV[++$i]}
    if (/^-h\b/) { &print_usage }
  }
```

```
  unless($TopLevelName){print "ERROR: incorrectly specified
    com-mand line. Use -h for more information.\n";
  exit(0);}
}


sub print_usage {
  print"\nusage: build_lec_tcl -t TopLevelName\n";
  print"\n";
  print" -t # Where is TopLevelName of the chip or block\n";
  print"\n";
  print" This command creates LEC directory under project/
    implementation/timing/VER for setup files  to run LEC.\n"
}
```

示例 8.7 是用于生成 Constraints.tcl、Setup_env.src 、Run_STA.tcl、STA.
sh 文件以执行 STA 的 Perl 脚本。

示例 8.7

```perl
#!/usr/local/bin/perl
use Time::Local;
$pwd = `pwd`;
chop $pwd;
$mode = 0777;
&parse_command_line;
@pwd = split(/\//,$pwd);
$implementaion_dir= '';
$physical_dir='';

for($i=0; $i<=3; $i++){
  $implementaion_dir= $implementaion_dir.$pwd[$i].'/';
}
$timing_dir = $ implementaion_dir.'timing';
$physical_dir = $implementaion_dir.'physical';
$Output = $timing_dir.'/STA';
unless(-e $Output) {
  print("Creating STA directory...\n");
```

```perl
    mkdir($Output,$mode)
}


$Target = $timing_dir.'/STA/INSTRUCTION';
unless(-e $Target) {
  open(Output,">$Target");
  print(Output "1. Edit ENV/*.env and add files for additional
    corners if necessary\n");
  print(Output "2. Edit STA/run_STA.tcl to add or change
    analysis corners as needed\n");
  print(Output "3. Edit TCL/*_constraints.tcl\n");
  print(Output "4. Edit TCL/read_*_netlist_spef.tcl for
    process and hierarchy if needed\n");
  print(Output "5. Comment out unnecessary runs in run_all
    and add runs as needed\n");
  print(Output "6. Launch STA/run_all\n");
  print("Created File: INSTRUCTION\n");
  close (Output);
  chmod 0777,$Target;
}


$Output = $timing_dir.'/NET';
unless(-e $Output) {
  print("Creating NET directory...\n");
  mkdir($Output,$mode)
}


$Target = $timing_dir.'/NET/'.$TopLevelName.'_frt.vg';
$Source = $physical_dir.'/NET/'.$TopLevelName.'_frt.vg';
symlink($Source,$Target);
print("Created Link: ./NET/${TopLevelName}_frt.vg\n");
chmod 0777,$Target;


$Output = $timing_dir.'/SPEF';
unless(-e $Output) {
  print("Creating SPEF directory...\n");
```

```
    mkdir($Output,$mode)
}


$Target = $timing_dir.'/SPEF/'.$TopLevelName.'_max.spef.gz';
$Source = $physical_dir.'/SPEF/'.$TopLevelName.'_max.spef.gz';
symlink($Source,$Target);
print(" Created Link: ./SPEF/${TopLevelName}_max.spef.gz\n");
chmod 0777,$Target;


$Target = $timing_dir.'/SPEF/'.$TopLevelName.'_min.spef.gz';
$Source = $physical_dir.'/SPEF/'.$TopLevelName.'_min.spef.gz';
symlink($Source,$Target);
print(" Created Link: ./SPEF/${TopLevelName}_min.spef.gz\n");
chmod 0777,$Target;
$Output = $timing_dir .'/ENV';
unless(-e $Output) {
    print(" Creating ENV directory...\n");
    mkdir($Output,$mode)
}


$Target = $timing_dir.'/ENV/node20_sta_ff.env';
unless(-e $Target) {
    open(Output,">$Target");
    print(Output "### Display Script Entry Message ###\n");
    print(Output "set thisscr \"node20_sta_ff\"\n");
    print(Output "puts \"@@ Entering \$\{thisscr\}...\"\n\n");
    print(Output "set STDCELL_LIB_FF stdcells_m40c_1p1v_ff\n");
    print(Output "set IOCELL_LIB_FF io35u_m40c_1p1v_ff\n\n");

    print(Output "### Default max cap/trans limits ###\n\n");
    print(Output "set MAX_CAP_LIMIT 0.350 \; # 350ff\n");
    print(Output "set MAX_TRANS_LIMIT 0.450 \; # 450ps\n\n");

    print(Output "### Setup search path and libraries ###\n");
    print(Output "read_lib [list \\\n");
```

```
    print(Output "/common/libraries/node20/lib/stdcells/std-
      cells_m40c_1p1v_ff.lib \\\n");
    print(Output "/common/IP/G/node20/pads/lib/io35u_m40c_1p1v_
      ff.lib \\\n");
    print(Output "/common/IP/G/node20/PLL/node20_m40c_1p1v_PLL_
      ff.lib \\\n");
    print(Output "$physical_dir/MEM/RF_52x18/RF_52x18_m40c_
      1p1v_ff.lib \\\n");


    print(Output "### Set Delay Calculation and SI Variables
      ###\n");
    print(Output "set_si_mode -delta_delay_annotation_mode
      arc\\\n");
    print(Output " -analysisType aae \\\n");
    print(Output " -si_reselection delta_delay\\\n");
    print(Output " -delta_delay_threshold 0.01\n\n");
    print(Output "set_delay_cal_mode -engine aae -SIAware
      true\n");
    print(Output "set_global timing_cppr_remove_clock_to_data_
      crp true\n");
    print("Created File: ./ENV/node20_sta_ff.env\n");
    close (Output);
    chmod 0777,$Target;
}


$Target = $timing_dir.'/ENV/node20_sta_ss.env';
unless(-e $Target) {open(Output,">$Target");
$Target = $timing_dir.'/ENV/node20_sta_ff.env';
unless(-e $Target) { open(Output,">$Target");

print(Output "### Display Script Entry Message ###\n");
print(Output "set thisscr \"node20_sta_ss\"\n");
print(Output "puts \"@@ Entering \$\{thisscr\}...\"\n\n");
print(Output "set STDCELL_LIB_SS stdcells_125c_1p05v_ss\n");
print(Output "set IOCELL_LIB_SS io35u_125c_1p5v_ss\n\n");


print(Output "### Default max cap/trans limits ###\n\n");
```

```perl
print(Output "set MAX_CAP_LIMIT 0.350 \; # 350ff\n");
print(Output "set MAX_TRANS_LIMIT 0.450 \; # 450ps\n\n");


print(Output "### Setup search path and libraries ###\n");
print(Output "read_lib [list \\\n");
print(Output "/common/libraries/node20/lib/stdcells/stdcells_
    ff_125c_1p05v.lib \\\n");
print(Output "/common/IP/G/node20/pads/lib/io35u_125c_1p05v_
    ss.lib \\\n");
print(Output "/common/IP/G/node20/PLL/node20_PLL_125c_1p05v_
    ss.lib/ \\\n");
print(Output "$physical_dir/MEM/RF_52x18/RF_52x18_125c_1p05v_
    ss.lib \\\n");


print(Output "### Set Delay Calculation and SI Variables
    ###\n");
print(Output "set_si_mode -delta_delay_annotation_mode
    arc\\\n");
print(Output " -analysisType aae \\\n");
print(Output " -si_reselection delta_delay\\\n");
print(Output " -delta_delay_threshold 0.01\n\n");
print(Output "set_delay_cal_mode -engine aae -SIAware true\n");
print(Output "set_global  timing_cppr_remove_clock_to_data_
    crp true\n");
print(" Created File: ./ENV/node20_sta_ss.env\n");
close (Output);
chmod 0777,$Target;
}


$Output = $timing_dir.'/TCL';
unless(-e $Output) {
  print(" Creating TCL directory...\n");
  mkdir($Output,$mode)
}


$Target = $timing_dir.'/STA/TCL/'.$TopLevelName.'_
  constraints.tcl';
```

```
open(Output,">$Target");
print(Output "if \{\$FUNC_TYPE == \"func\"\} \{\n");
print(Output "echo \"### Source Functional Constraints
   ###\"\n");
print(Output "set_case_analysis 0 [get_pins top_level/scan_
   mux/SCAN]\n");
print(Output "source \$STA/TCL/\$\{TOP_MODULE\}_func_cons.
   tcl\n");
print(Output "\}\n\n");


print(Output "if \{\$FUNC_TYPE == \"scans\"\} \{\n");
print(Output "echo \"### Source Scan Shift Constraints
   ###\"\n");
print(Output "set_case_analysis 1 [get_pins top_level/scan_
   mux/SCAN]\n");
print(Output "set_case_analysis 1 [get_pins top_level/scan_
   mode_buff/Y\n");
print(Output "source \$STA/TCL/\$\{TOP_MODULE\}_scans_cons.
   tcl\n");
print(Output "\}\n\n");
print(Output "if \{\$FUNC_TYPE == \"scanc\"\} \{\n")
print(Output "echo \"### Source Scan Capture
   Constraints*****\"\n");
print(Output "set_case_analysis 1 [get_pins top_level/scan_
   mux/SCAN]\n");
print(Output "set_case_analysis 0 [get_pins top_level/scan_
   mode_buff/Y\n");
print(Output "source \$STA/TCL/\$\{TOP_MODULE\}_scanc_cons.
   tcl\n");
print(Output "\}\n\n");
print(" Created File: ./TCL/${TopLevelName}_constraints.tcl\n");
close (Output);
chmod 0777,$Target;

$Target = $timing_dir.'/TCL/read_'.$TopLevelName.'_netlist_
   spef.tcl';
open(Output,">$Target");
print(Output "setDesignMode -process 20nm \n\n");
```

```perl
print(Output "read_verilog \"\$WORKDIR/NET/${TopLevelName}_
  frt.vg\"\n\n");

print(Output "set_top_module $TopLevelName -ignore_undefined_
  cell\n\n");

print(Output "read_spef \"\$WORKDIR/SPEF/${TopLevelName}_\$\
  {MAXMIN\}.spef.gz \"\n\n");

print(Output "report_annotated_parasitics -list_not_annotated
  >\$\{OUT_DIR\}/log/parasitics_command_\$\{MAXMIN\}.log\n");

print(" Created File: ./TCL/read_${TopLevelName}_netlist_
  spef.tcl\n");

close (Output);

chmod 0777,$Target;


$Target = $timing_dir.'/STA/set_up_env.src';

unless(-e $Target) {

  open(Output,">$Target");

  print(Output "##  STA environments ###\n\n");

  print(Output "setenv WORKDIRROOT $implementaion_dir \n");

  print(Output "setenv WORKDIR \$\{WORKDIRROOT\}/\n");

  print(Output "setenv STA \$\WORKDIR\n");

  print(Output"setenv PHYSICAL $physical_dir\n");

  print(" Created File: ./set_up_env.src\n");

  close (Output);

  chmod 0777,$Target;

}


$Target = $timing_dir.'/STA/STA.sh';

unless(-e $Target) {

  open(Output,">$Target");

  print(Output "source set_up_env.src\n\n");


  print(Output "\\rm -rf .clock_group_default* .STA_emulate_
    view_de*\n\n");

  print(Output "set thisscript = \$\{0\}\n");

  print(Output "echo \"@@ Running \$\{thisscript\}...\"\n\n");

  print(Output "setenv USER STA\n");

  print(Output "echo \$USER\n\n");
```

```
print(Output "### Display Usage ###\n");
print(Output "if ( (\$#argv < 5) || (\$#argv > 10) ) then\n");
print(Output "echo \"\"\n");
print(Output "echo \"Err\"\"or: Missing Argument(s)\"\n");
print(Output "echo \"Usage: > \$thisscript:t <module_name>
  <func_type> <analysis_type> <lib_opcond> <label> [local]
  [power] [outdir <out_dir>]\"\n");
print(Output "echo \"Example: > \$thisscript:t coral scanc
  setup max Freeze1\"\n");
print(Output "echo \"\"\n");
print(Output "exit\n");
print(Output "endif\n\n");
print(Output "setenv  TOP_MODULE \$1 \;\n");
print(Output "shift\n");
print(Output "setenv  FUNC_TYPE \$1 \;\n");
print(Output "shift\n");
print(Output "setenv  ANALYSIS_TYPE \$1 \;\n");
print(Output "shift\n");
print(Output "setenv LIB_OPCOND \$1 \;\n");
print(Output "shift\n");
print(Output "setenv  LABEL \$1 \; #Label used to save sta
  data\n");
print(Output "shift\n\n");
print(Output "setenv SCR_ODIR"\$WORKDIRROOT/\$USER/\$\
  {TOP_MODULE\}/\$\{LABEL\}/\$\{FUNC_TYPE\}_\$\{ANALYSIS_
  TYPE\}_\$\{LIB_OPCOND\}"\n");
print(Output "setenv LOCAL_ODIR"\$STA/\$\{TOP_MODULE\}/\
  $\{FUNC_TYPE\}_\$\{ANALYSIS_TYPE\}_\$\{LIB_OPCOND\}_\
  $\{LABEL\}"\n\n");
print(Output "setenv OUT_DIR \$\{SCR_ODIR\} \; # Default =
  Scratch Drive\n\n");
print(Output "while (\$#argv)\n");
print(Output "switch ( \$1 )\n");
print(Output "case \"local\"\n");
print(Output "setenv OUT_DIR \"\$\{LOCAL_ODIR\}\"\n");
print(Output "breaksw\n");
```

```
print(Output "case \"outdir\"\n");
print(Output "setenv OUT_DIR \"\$\{2\}\"\n");
print(Output "shift\n");
print(Output "breaksw\n");
print(Output "default:\n");
print(Output "echo \"@@ Sorry you entered an unknown switch
  or missing space :\$1\"\n");
print(Output "exit\n");
print(Output "breaksw\n");
print(Output "endsw\n");
print(Output "shift\n");
print(Output "end \; # Command Line option processing\n\n");
print(Output "if (! -d \$\{OUT_DIR\}/rpt) then\n");
print(Output "echo \"@@ Creating ./directory/sub-directory:
  \$\{OUT_DIR\}/rpt\"\n");
print(Output "mkdir -p \$\{OUT_DIR\}/rpt\n");
print(Output "endif\n");
print(Output "\n");
print(Output "if (! -d \$\{OUT_DIR\}/) then\n");
print(Output "echo \"@@ Creating ./directory/sub-directory:
  \$\{OUT_DIR\}/sdc\"\n");
print(Output "mkdir -p \$\{OUT_DIR\}/SDC\n");
print(Output "endif\n");
print(Output "\n");
print(Output "if (! -d \$\{OUT_DIR\}/SDF) then\n");
print(Output "echo \"@@ Creating ./directory/sub-directory:
  \$\{OUT_DIR\}/sdf\"\n");
print(Output "mkdir -p \$\{OUT_DIR\}/SDF\n");
print(Output "endif\n");
print(Output "\n");
print(Output "if (! -d \$\{OUT_DIR\}/session) then\n");
print(Output "echo \"@@ Creating ./directory/sub-
  directory:\$\{OUT_DIR\}/session\"\n");
print(Output "mkdir -p \$\{OUT_DIR\}/session\n");
print(Output "endif\n");
print(Output "\n");
```

```
  print(Output "if (! -d \$\{OUT_DIR\}/log) then\n");
  print(Output "echo \"@@ Creating ./directory/sub-directory:
    \$\{OUT_DIR\}/log\"\n");
  print(Output "mkdir -p \$\{OUT_DIR\}/log\n");
  print(Output "endif\n");
  print(Output "\n");
  print(Output "if (! -d \$\{OUT_DIR\}/lib) then\n");
  print(Output "echo \"@@ Creating ./directory/sub-directory:
    \$\{OUT_DIR\}/lib\"\n");
  print(Output "mkdir -p \$\{OUT_DIR\}/lib\n");
  print(Output "endif\n");
  print(Output "\n");
  print(Output "STA -init \$\{STA\}/run_STA.tcl \\\n");
  print(Output " -log \$\{OUT_DIR\}/log/\$\{TOP_MODULE\}_\
    $\{FUNC_TYPE\}_\$\{ANALYSIS_TYPE\}_\$\{LIB_OPCOND\}_STA.
    log -nologv \\\n");
  print(Output "-cmd \$\{OUT_DIR\}/log/\$\{TOP_MODULE\}_\
    $\{FUNC_TYPE\}_\$\{ANALYSIS_TYPE\}_\$\{LIB_OPCOND\}.cmd
    |& tee\n");
  print(Output "\n");
  print(Output "chmod -R 777 \$\{OUT_DIR\}/*\n");
  print("Created File: ./STA.sh\n");
  close (Output);
  chmod 0777,$Target;
}


$Target = $pwd.'/STA/run_STA.tcl';
unless(-e $Target) {
  open(Output,">$Target");
  print(Output "### Setup STA ###\n\n");
  print(Output "date\n");
  print(Output "\n");
  print(Output "set WORKDIRROOT [getenv WORKDIRROOT]\n");
  print(Output "set WORKDIR [getenv WORKDIR]\n");
  print(Output "set STA [getenv STA]\n");
  print(Output "set LIB_OPCOND [getenv LIB_OPCOND]\n");
  print(Output "set TOP_MODULE [getenv TOP_MODULE]\n");
```

```
print(Output "set FUNC_TYPE [getenv FUNC_TYPE]\n");
print(Output "set ANALYSIS_TYPE [getenv ANALYSIS_TYPE]\n");
print(Output "set LABEL [getenv LABEL]\n");
print(Output "set OUT_DIR [getenv OUT_DIR]\n");
print(Output "\n");


print(Output "### STA Common Settings ###\n\n");
print(Output "\n");
print(Output "set timing_report_group_based_mode true\n");
print(Output "set report_timing_format {instance arc cell
  delay incr_delay load arrival required}\n");
print(Output "set_analysis_mode -analysisType
  onChipVariation -cppr both\n");
print(Output "\n");


print(Output "### Analysis Corner Settings ###\n\n");
print(Output "\n");
print(Output "if \{\$LIB_OPCOND == \"min\"\} \{\n");
print(Output "source \$STA/ENV/node20_sta_ff.env\n");
print(Output "set MAXMIN  min\n");
print(Output "\}\n");
print(Output "\n");
print(Output "if \{\$LIB_OPCOND == \"max\"\} \{\n");
print(Output "source \$STA/ENV/node20_sta_ss.env\n");
print(Output "set MAXMIN  max\n");
print(Output "\}\n");
print(Output "\n");


print(Output "### Read Design and Parasitic and Netlist
  ###\n\n");
print(Output "\n");
print(Output "source \$WORKDIR/TCL/read_\$\{TOP_MODULE\}_
  netlist_spef.tcl -verbose\n");
print(Output "\n");


print(Output "if \{\$LIB_OPCOND == \"min\"\} \{\n");
```

```
print(Output "set_analysis_mode -analysisType
  onChipVariation\n");
print(Output "setOpCond BEST -library node20_sta_ff\n");
print(Output "set CORNER \"ff\"\n");
print(Output "if \{\$ANALYSIS_TYPE == \"hold\"\} \{\n");
print(Output "set_timing_derate -early 1.0 -clock\n");
print(Output "set_timing_derate -late  1.1 -clock\n");
print(Output "\}\n");
print(Output "\}\n");
print(Output "\n");


print(Output "if \{\$LIB_OPCOND == \"max\"\} \{\n");
print(Output "set_analysis_mode -analysisType
  onChipVariation\n");
print(Output "setOpCond WORST -library node20_sta_ss\n");
print(Output "set CORNER \"ss\"\n");
print(Output "if \{\$ANALYSIS_TYPE == \"hold\"\} \{\n");
print(Output "set_timing_derate -early 0.95 -clock\n");
print(Output "set_timing_derate -late  1.0  -clock\n");
print(Output "\}\n");
print(Output "\}\n");
print(Output "\n");


print(Output "if \{\$ANALYSIS_TYPE == \"hold\"\} \{\n");
print(Output "if \{\$LIB_OPCOND == \"max\"\} \{\n");
print(Output "set DELAYTYPE min\n");
print(Output "\} else \{\n");
print(Output "set DELAYTYPE \$LIB_OPCOND\n");
print(Output "\}\n");
print(Output "\} else \{\n");
print(Output "set DELAYTYPE \$LIB_OPCOND\n");
print(Output "\}\n");
print(Output "\n");


print(Output "### Apply Constraints ###\n\n");
print(Output "\n");
```

```
print(Output "source \$STA/TCL/\$\{TOP_MODULE\}_
    constraints.tcl -verbose\n");

print(Output "\n");

print(Output "if \{\$MAXMIN == \"max\"\} \{\n");


print(Output "set_clock_uncertainty -setup 0.300
    [all_clocks]\n");


print(Output "set_clock_uncertainty -hold  0.300
    [all_clocks]\n");

print(Output "\}\n");

print(Output "\n");

print(Output "if \{\$MAXMIN == \"min\"\} \{\n");


print(Output "set_clock_uncertainty -setup 0.300
    [all_clocks]\n");


print(Output "set_clock_uncertainty -hold  0.150
    [all_clocks]\n");

print(Output "\}\n");

print(Output "\n");

print(Output "set_multi_cpu_usage -localCpu 4\n");

print(Output "\n");

print(Output "set_propagated_clock  [all_clocks ]\n");

print(Output "\n");

print(Output "if \{\$\{FUNC_TYPE\} == \"mbist\"\} \{\n");

print(Output "set_false_path -from [all_inputs]\n");

print(Output "set_false_path -to [all_outputs]\n");

print(Output "\}\n");

print(Output "date\n");

print(Output "\n");

print(Output "update_timing\n");

print(Output "date\n\n");

print(Output "save_design \$\{OUT_DIR\}/session/\$\
    {TOP_MODULE\}_\$\{FUNC_TYPE\}_\$\{ANALYSIS_TYPE\}_\$\
    {LIB_OPCOND\}_session -overwrite\n");

print(Output "date\n");
```

```
print(Output "### Report Timing ###\n\n")

print(Output "#set report_default_significant_digits 3\n");

print(Output "report_constraint -all_violators   > \$\
  {OUT_DIR\}/RPT/\$\{TOP_MODULE\}_\$\{FUNC_TYPE\}_\$\
  {ANALYSIS_TYPE\}_\$\{LIB_OPCOND\}.allvio.rpt\n");

print(Output "\n");

print(Output "report_constraint -all_violators  -verbose  >
  \$\{OUT_DIR\}/RPT/\$\{TOP_MODULE\}_\$\{FUNC_TYPE\}_
  \$\{ANALYSIS_TYPE\}_\$\{LIB_OPCOND\}.allvio_verbose.rpt\n");

print(Output "\n");

print(Output "if \{[string equal \$ANALYSIS_TYPE hold]\}
  \{\n");

print(Output "# 10 path report full_clock\n");

print(Output "report_timing -path_type full_clock  -early
  -from [all_registers -clock_pins] -to [all_registers
  -data_pins] -net -max_paths 10 -max_slack 0 \\\n");


print(Output ">\$\{OUT_DIR\}/RPT/\$\{TOP_MODULE\}_\$\
  {FUNC_TYPE\}_\$\{ANALYSIS_TYPE\}_\$\{LIB_OPCOND\}.tim.
  reg_reg.rpt\n");

print(Output "# 3 path report no clock path\n");

print(Output "report_timing -early -from [all_registers
  -clock_pins] -to [all_registers -data_pins]  -net -max_
  paths 3 -max_slack 0 \\\n");


print(Output ">\$\{OUT_DIR\}/RPT/\$\{TOP_MODULE\}_\$\
  {FUNC_TYPE\}_\$\{ANALYSIS_TYPE\}_\$\{LIB_OPCOND\}.tim.
  reg_reg_short.rpt\n");

print(Output "\n");

print(Output "\} else \{\n");

print(Output "# 10 path report full_clock\n");

print(Output "report_timing -path_type full_clock -late
  -from [all_registers -clock_pins] -to [all_registers
  -data_pins] -net -max_paths 10 -max_slack 0 \\\n");

print(Output ">\$\{OUT_DIR\}/RPT/\$\{TOP_MODULE\}_\$\
  {FUNC_TYPE\}_\$\{ANALYSIS_TYPE\}_\$\{LIB_OPCOND\}.tim.
  reg_reg.rpt\n");

print(Output "# 3 path report no clock path\n");
```

```
print(Output "report_timing -early -from [all_registers
  -clock_pins] -to [all_registers -data_pins]  -net -max_
  paths 3 -max_slack 0  \\\n");

print(Output ">\$\{OUT_DIR\}/RPT/\$\{TOP_MODULE\}_\$\
  {FUNC_TYPE\}_\$\{ANALYSIS_TYPE\}_\$\{LIB_OPCOND\}.tim.
  reg_reg_short.rpt\n");

print(Output "\}\n\n");

print(Output "#report_timing -path full_clock_expanded
  -delay min_max -cap -tran -crosstalk_delta \\\n");

print(Output "# -net -max_paths 30 -slack_lesser_than 0 \\\n");

print(Output "# >\$\{OUT_DIR\}/RPT/\$\{TOP_MODULE\}_\$\
  {FUNC_TYPE\}_\$\{ANALYSIS_TYPE\}_\$\{LIB_OPCOND\}.tim.
  allvio.rpt\n");

print(Output "\n");

print(Output "#report_timing -path full_clock_expanded
  -delay min_max -cap -tran -cross-talk_delta \\\n");

print(Output "# -net -max_paths 3  \\\n");

print(Output "# >\$\{OUT_DIR\}/RPT/\$\{TOP_MODULE\}_\$\
  {FUNC_TYPE\}_\$\{ANALYSIS_TYPE\}_\$\{LIB_OPCOND\}.tim.
  all.rpt\n");

print(Output "\n");


print(Output "check_timing -verbose >\$\{OUT_DIR\}/RPT/\$\
  {TOP_MODULE\}_\$\{FUNC_TYPE\}_\$\{ANALYSIS_TYPE\}_\$\
  {LIB_OPCOND\}.check_timing.rpt\n");

print(Output "report_analysis_coverage >\$\{OUT_DIR\}/RPT/
  \$\{TOP_MODULE\}_\$\{FUNC_TYPE\}_\$\{ANALYSIS_TYPE\}_
  \$\{LIB_OPCOND\}.analysis_coverage.rpt\n");

print(Output "report_min_pulse_width  >\$\{OUT_DIR\}/
  RPT/\$\{TOP_MODULE\}_\$\{FUNC_TYPE\}_\$\{ANALYSIS_TYPE\}_
  \$\{LIB_OPCOND\}.min_pulse_width.rpt\n");

print(Output "report_clocks > \$\{OUT_DIR\}/RPT/\$\
  {TOP_MODULE\}_\$\{FUNC_TYPE\}_\$\{ANALYSIS_TYPE\}_\$\
  {LIB_OPCOND\}.clocks.rpt\n");

print(Output "\n");


print(Output "report_case_analysis  >\$\{OUT_DIR\}/RPT/
  \$\{TOP_MODULE\}_\$\{FUNC_TYPE\}_\$\{ANALYSIS_TYPE\}_\$\
  {LIB_OPCOND\}.case_analysis.rpt\n");

print(Output "report_clock_timing -type skew  >>\$\
```

```
{OUT_DIR\}/RPT/\$\{TOP_MODULE\}_\$\{FUNC_TYPE\}_\$\
{ANALYSIS_TYPE\}_\$\{LIB_OPCOND\}.clocks.rpt\n");
print(Output "report_clock_timing -type summary  >>\$\
{OUT_DIR\}/RPT/\$\{TOP_MODULE\}_\$\{FUNC_TYPE\}_\$\
{ANALYSIS_TYPE\}_\$\{LIB_OPCOND\}.clocks.rpt\n");
print(Output "report_clock_timing -type latency -verbose >>
\$\{OUT_DIR\}/RPT/\$\{TOP_MODULE\}_\$\{FUNC_TYPE\}_\$\
{ANALYSIS_TYPE\}_\$\{LIB_OPCOND\}.clocks.rpt\n");
print(Output "\n");
print(Output "if \{\$\{FUNC_TYPE\} == \"func\" || \$\
{FUNC_TYPE\} == \"func1\" || \$\{FUNC_TYPE\} ==
\"scans\" || \$\{FUNC_TYPE\} == \"scanc\"\} {\n");
print(Output "#write_sdf \$\{OUT_DIR\}/SDF/\$\
{TOP_MODULE\}_\$\{FUNC_TYPE\}_\$\{ANALYSIS_TYPE\}_\$\
{LIB_OPCOND\}.sdf \\\n");
print(Output "# -precision 4 -version 3.0 -setuphold split
-rec-rem split -edges noedge -condelse \n");
print(Output "\n");
print(Output "# write_sdf \$\{OUT_DIR\}/SDF/\$\
{TOP_MODULE\}_\$\{FUNC_TYPE\}_\$\{ANALYSIS_TYPE\}_\$\
{LIB_OPCOND\}.sdf \\\n");
print(Output "#  -precision 4 -version 3.0 -edges noedge
-con-delse \n");
print(Output "\n");
print(Output "write_sdf \$\{OUT_DIR\}/SDF/\$\{TOP_MODULE\}_
\$\{FUNC_TYPE\}_\$\{ANALYSIS_TYPE\}_\$\{LIB_OPCOND\}_
nocondelse.sdf \\\n");
print(Output " -precision 4 -version 3.0 -edges noedge
-min_period_edges none\n");
print(Output "\n");
print(Output "write_sdc \$\{OUT_DIR\}/SDC/\$\{TOP_MODULE\}_
sta.sdc\}\n");
print(Output "\n");
print(Output "if \{\$\{FUNC_TYPE\} == \"func\"\} \{\n");
print(Output "set_false_path -from [all_inputs]\n");
print(Output "set_false_path -to [all_outputs]\n");
print(Output "date\n");
print(Output "\n");
print(Output "update_timing\n");
```

```
print(Output "date\n");

print(Output "\n");

print(Output "report_constraint -all_violators   \\\n");

print(Output ">\$\{OUT_DIR\}/RPT/\$\{TOP_MODULE\}_\$\
  {FUNC_TYPE\}_\$\{ANALYSIS_TYPE\}_\$\{LIB_OPCOND\}_IO_
  Falsed.allvio.rpt\n");

print(Output "\n");

print(Output "report_constraint -all_violators
  -verbose\\\n");

print(Output ">\$\{OUT_DIR\}/RPT/\$\{TOP_MODULE\}_\$\
  {FUNC_TYPE\}_\$\{ANALYSIS_TYPE\}_\$\{LIB_OPCOND\}_IO_
  Falsed.allvio_verbose.rpt\n");

print(Output "\n");

print(Output "save_design  \$\{OUT_DIR\}/session/\$\
  {TOP_MODULE\}_\$\{FUNC_TYPE\}_\$\{ANALYSIS_TYPE\}_\$\
  {LIB_OPCOND\}_IO_Falsed_session -rc -overwrite\n");

print(Output "date \}\n");

print(Output "\n");

print(Output "#report_constraint -all_violators   \\\n");

print(Output "# > \$\{OUT_DIR\}/RPT/\$\{TOP_MODULE\}_\$\
  {FUNC_TYPE\}_\$\{ANALYSIS_TYPE\}_\$\{LIB_OPCOND\}.allvio_
  inout.rpt\n");

print(Output "\n");

print(Output "#report_timing -path full_clock_expanded
  -delay \$DELAYTYPE -from [all_inputs] -to [all_registers
  -data_pins]  \\\n");

print(Output "# -net -cap -tran -crosstalk_delta -max_paths
  10 -slack_lesser_than 0 \\\n");

print(Output "# > \$\{OUT_DIR\}/RPT/\$\{TOP_MODULE\}_\$\
  {FUNC_TYPE\}_\$\{ANALYSIS_TYPE\}_\$\{LIB_OPCOND\}.tim.
  ip_reg.rpt\n");

print(Output "\n");

print(Output "#report_timing -path full_clock_expanded
  -delay\$DELAYTYPE -from [all_registers -clock_pins] -to
  [all_outputs]\\\n");

print(Output "# -net -cap -tran -crosstalk_delta -max_paths
  10 -slack_lesser_than 0 \\\n");

print(Output "# > \$\{OUT_DIR\}/RPT/\$\{TOP_MODULE\}_\$\
  {FUNC_TYPE\}_\$\{ANALYSIS_TYPE\}_\$\{LIB_OPCOND\}.tim.
  reg_op.rpt\n");
```

```perl
    print(Output "\n");

    print(Output "#report_timing -path full_clock_expanded -delay \
      $DELAYTYPE -from [all_inputs] -to [all_outputs] \\\n");

    print(Output "# -net -cap -tran -crosstalk_delta -max_paths
      10 -slack_lesser_than 0 \\\n");

    print(Output "# > \$\{OUT_DIR\}/RPT/\$\{TOP_MODULE\}_\$\
      {FUNC_TYPE\}_\$\{ANALYSIS_TYPE\}_\$\{LIB_OPCOND\}.tim.
      ip_op.rpt\n");

    print(Output "\n");


    print(Output "exit\n");
    print("Created File: ./run_STA.tcl\n");
    close(Output);
    chmod 0777,$Target;
}


$Target = $pwd.'/STA/run_all';
if(-e $Target) {
  open(Output,">>$Target");
  print("  Appended to File: ./run_all\n");
}
else {
  open(Output,">$Target");
  print("  Created File: ./run_all\n");
}
print(Output "STA.sh $TopLevelName func setup max
  $TopLevelName\n");
print(Output "STA.sh $TopLevelName func hold min
  $TopLevelName\n");
print(Output "STA.sh $TopLevelName func hold max
  $TopLevelName\n");
print(Output "STA.sh $TopLevelName mbist hold min
  $TopLevelName\n");
print(Output "STA.sh $TopLevelName mbist setup max
  $TopLevelName\n");
print(Output "STA.sh $TopLevelName scanc hold min
  $TopLevelName\n");
```

```
print(Output "STA.sh $TopLevelName scanc hold max
  $TopLevelName\n");

print(Output "STA.sh $TopLevelName scans hold min
  $TopLevelName\n");

close(Output);

chmod 0777,$Target;

print("   Done\n");


sub parse_command_line {
  for($i=0; $i<=$#ARGV; $i++){
    $_ = $ARGV[$i];
    if(/^-t$/){$TopLevelName=$ARGV[++$i]}
    if (/^-h\b/) { &print_usage }
  }


  unless($TopLevelName){
    print "ERROR: incorrectly specified command line.Use -h
      for more information.\n";
    exit(0);
  }

}


sub print_usage {
  print"\nusage: build_sta_tcl -t TopLevelName\n";
  print"\n";
  print" -t # Where TopLevelName is the top-level name of the
    chip or block\n";
  print"\n";
  print" This command creates a STA directory and setup files
    under TIMING directory.\n"
}
```

8.5 总 结

本章从时序、逻辑和物理验证三方面讨论了 ASIC 的签收过程。签收和实现工具已经讨论了很多年，并试图通过今天的 EDA 技术完成集成。签收过程中最关键的就是时序收敛和寄生参数的提取工作，它应该是一个考虑到集成而构建的 EDA 系统。

这包括通用的时序引擎和统一的数据库，以便交换数据从实现到提取再到时序收敛是一个无缝的过程，并且其结果是一致的。将长期存在的这些点工具拼凑在一起通常不是最佳的方案，因为它既不能提高效率也不能减少运行时间。幸运的是，市场上有解决这些项目的时序收敛的解决方案。

设计（物理和时序）工程师期望其 EDA 供应商提供整体解决方案，以解决目前在时序收敛上的迭代问题。否则，随着更先进的工艺节点出现，将不得不应用更多的 ECO 去应对这些时序收敛的迭代问题。

EDA 供应商正在努力提供解决时序签收问题的完整解决方案，但物理设计工具和 STA 工具在时序分析与计算上存在一些差异（例如，相对于建立时间和保持时间的计算更乐观或更悲观）。在乐观的情况下，可以调整建立时间或保持时间的设计余量，使两种不同的时序算法尽可能相互关联并保持一致。

本章讨论了物理验证流程，如 DRC、LVS、ARC 和 ERC，同时提供了高效的物理设计流程。

参考文献

［ 1 ］ J Lienig,M Thiele. Fundamentals of Electromigration Aware Integrated Circuit Design.Springer international, 2018.

［ 2 ］ J Lienig,M Thiele.The Pressing Need for Electromigration-Aware Physical Design// Proceedings of the International Symposium on Physical Design (ISPD).March 2018.

［ 3 ］ N Dershowitz.Verification: Theory and Practice, Lecture Notes In Computer Science Series. Berlin:Springer,2004.

［ 4 ］ Hardware Verification Group.Digital Logic Synthesis and Equivalence Checking Tools. Department of Electrical and Computer Engineering, Concordia University,May 2010.